Wolf Lotter

Die Gestörten

Wolf Lotter (geboren 1962 in Mürzzuschlag/Österreich) ist seit den 1980er-Jahren Autor und Journalist mit dem Schwerpunkt Transformation und Innovation. Im Jahr 1999 war er Gründungsmitglied des Wirtschaftsmagazins «brand eins», für das er 23 Jahre lang die stilbildenden Einleitungen verfasste. Er ist regelmäßiger Kolumnist für die «WirtschaftsWoche», das österreichische Magazin «profil», Spiegel.de und «taz FUTURZWEI». Darüber hinaus ist er Programmrat des ORF (Österreichischer Rundfunk) und Gründungsmitglied des PEN Berlin.

Wolf Lotter

Die Gestörten

Warum sie unseren Wohlstand sichern

brand eins books

Inhalt

Dieses Essay beschreibt die Lage der kreativen Wissensarbeiter und Wissensarbeiterinnen in Deutschland – und klärt auf über den Irrtum, dass Kreativität eine Ausnahme, ja sogar ein Störfall ist. Tatsächlich ist es die Normalarbeitsform des 21. Jahrhunderts, das, was Menschen bleibt, wenn Automatisierung und Digitalisierung uns von der Routinearbeit des Industriezeitalters befreit haben.

Kreativität heißt Probleme lösen, und zwar nicht nach Schema F, sondern abgestimmt auf die unterschiedlichen Bedürfnisse jener, die sie gelöst haben wollen. Möge uns allen das jeden Tag klarer werden und besser gelingen.

Der erste Text dieses Essays wurde 2007 geschrieben und erschien als Einleitung des Themenschwerpunkts «Ideenwirtschaft» von brand eins.

Wolf Lotter

Die Gestörten

2007

1. Die Störung

In Zeiten wie diesen, heißt es, ist alles neu, doch das ist nicht immer richtig. Zum Beispiel gibt es zwei alte Volksweisheiten, die heutzutage von größter Bedeutung sind. Sie lauten: Idioten haben's leicht, und Genie und Wahnsinn liegen eng beieinander.

Beides gehört zusammen und ist im Licht der Wissenschaft sogar erklärbar. Zumindest für die amerikanische Neurowissenschaftlerin und Psychologin Shelley Carson von der Harvard University, die sich seit vielen Jahren aufopfernd und erfolgreich dem Phänomen besonders kreativer Menschen widmet.

In ihrem richtungsweisenden Experiment setzte Carson eine Reihe von Versuchspersonen in einen Raum. Die Kandidaten, vorwiegend Studenten, waren handverlesen, nach langen Vortests und eingehender Beobachtung ihres Verhaltens ausgewählt worden. Die erste Gruppe bestand aus Personen, die jede noch so tumbe Tätigkeit ohne großes Murren erledigten. Sie waren in der Lage, vorgegebene Aufgaben mit Gleichmut abzuarbeiten. Eigenständiges Denken lag ihnen nicht besonders. Sie lernten brav, in der Regel auswendig, was man ihnen vorgab, ohne große Zweifel an den ihnen vorgelegten Inhalten zu äußern. Konfrontierte man sie mit einem neuen Problem, herrschte in der Regel Flaute im Oberstübchen.

Die zweite Gruppe hingegen stellte Carson aus auffällig kreativen Studenten zusammen. Ihre schöpferische Begabung war auch ohne Vortests klar erkennbar. Sie gehörten zu der – bei Professoren nicht zwingend beliebten – Kategorie derjenigen, die nahezu alles hinterfragten, was man ihnen vorlegte, und die sich auch nicht mit einfachen, vorkonfektionierten Antworten abspeisen ließen. Carson ließ nun den Versuchspersonen über Kopfhörer einen Text vorlesen, in dem gelegentlich absurde Begriffe auftauchten, Fantasiewörter. Die sollten die Testpersonen nun zählen. Das wurde den Probanden auch so mitgeteilt.

Doch das eigentliche Experiment lief – heimtückischerweise – im Hintergrund ab. Die Versuchspersonen hörten nämlich nicht nur die klare Stimme des Sprechers, der die angekündigte Aufgabe verlas, sondern immer wieder auch störende Hintergrundgeräusche. Mit dem Ergebnis des Versuchs war die Hirnforscherin höchst zufrieden. Es kam, wie es kommen musste. Die erste Testgruppe registrierte die Störung praktisch nicht. Sie zählte, wie es ihr geheißen wurde, die falschen Begriffe wie Erbsen, und auch ihr Gesichtsausdruck änderte sich kaum, wenn Störgeräusche auftraten. Sie erwies sich als perfekt geschlossenes System, Menschen, wie geschaffen für Fließbänder, Buchhaltungstabellen und zur Formularbearbeitung.

Die Mitglieder von Gruppe zwei hingegen versagten. Schon einige Störungen genügten, um sie völlig aus dem Konzept zu bringen. Die wenigen unter ihnen, die mit aufgefasertem Nervenkostüm den Test zu Ende führen konnten, wiesen eine exorbitante Fehlerquote auf.

Die Wissenschaftlerin fand bestätigt, was in den Siebzigerjahren schon von ihrem Kollegen Hans Eysenck vermutet worden war: Kreative sind deshalb kreativ, weil ihr Gehirn auf Sinnesreize aller Art höchst offen reagiert. In durchschnittlichen Oberstübchen sorgt ein Mechanismus namens «latente Hemmung» dafür, dass Reize von außen mehr oder weniger abgeblockt werden. Menschen mit ausgeprägter latenter Hemmung sind durch nichts aus der Ruhe zu bringen und von ihren Routinen abzulenken. Unbekanntes, Neues – das perlt an ihnen ab wie Wasser auf frischem Lack. Ganz anders ist da das Denkorgan von Kreativen geschaltet. Die latente Hemmung ist schwach entwickelt, das Gehirn ist auf 360 Grad offen, zu allem bereit, rund um die Uhr.

Um die Sache einfacher zu machen, nennen wir die erste Testgruppe von nun an die Gehemmten und die zweite, die der leicht reizbaren Kreativen, die Gestörten. Das passt auch prima zu dem, was man uns ein Lebtag lang beigebracht hat.

Kein ernsthafter Ökonom zweifelt heute daran, dass Ideen und Kreativität das wichtigste Wirtschaftsgut des 21. Jahrhunderts sein werden.

2. Die Gehemmten

Was sagt uns dieser kleine Test? Eine ganze Menge. Zum einen: Kreativität braucht Konzentration. Wer will, dass andere gute Ideen haben, muss auch mal die Klappe halten können und die, die denken, nicht mit jedem Gedöns belästigen. Und das hat noch nicht mal was mit Anstand und Respekt vor Leuten zu tun, die Neues denken, wenn man sie in Ruhe lässt, sondern ist eine Frage von rudimentärem Verstand, von etwas Vernunft.

Kein ernsthafter Ökonom zweifelt heute daran, dass Ideen und Kreativität das wichtigste Wirtschaftsgut des 21. Jahrhunderts sein werden. Für die Gehemmten spielt das bisher keine oder kaum eine Rolle. Sie werden aber sehr schnell und sehr gründlich lernen müssen, dass ohne die Gestörten nichts mehr läuft. Im Laufe der Geschichte waren die Kreativen vor allen Dingen: Außenseiter, Verrückte, Spinner, Irre, die man zu Lebzeiten gern an den Rand der Gesellschaft drängte – um von ihren Ideen auch noch lange nach ihrem Ableben prächtig zu leben. Die Kulturgeschichte ist voller einschlägiger Erfahrungen: Kaum ein neues Kunstwerk, eine Erfindung, eine Neuerung, die sich nicht gegen hartnäckigen Widerstand der Gehemmten hätte behaupten müssen. Neid, Dummheit und Ignoranz haben sich stets als verlässlichere soziale Kräfte erwiesen als die Einsicht, dass neue Ideen auch zu einem besseren Leben für alle führen können. Möglich war das, weil der Anteil der Kreativen in der Gesellschaft immer klein war. Sie spielten zwar die entscheidende Rolle, wenn es um Fortschritt, Erfindung, Entdeckung und Kultur ging, ihr Platz war aber eindeutig der Hinterhof und Keller der Gesellschaft. Nur gelegentlich und zeitweilig wurden die nützlichen Idioten auch mal von den Machthabern in die Beletage geladen. Doch an den Verhältnissen änderte sich dabei nichts: Aus der Reihe der Gehemmten rekrutierten sich die, die das kreative Potenzial der Gestörten ausbeuteten und nutzten. Die Gehemmten nannten sich Praktiker, während man die Gestörten zu Theoretikern machte. Das lernen bis heute alle schon in der Grundschule. Die Kreativen sind zerstreut, wuselig, irgendwie nicht lebenstauglich. Erst durch die feste und ordnende Hand der Praktiker werden ihre Ideen nützlich. Kreativität ist demnach ein Rohstoff, so wie Kohle und Öl, der erst durch eine starke latent gehemmte Klasse zu etwas Nützlichem wird.

Rohstoffe, das weiß jedes Kind, müssen geformt werden, um nützlich zu sein. Diese Tradition beschreibt das Selbstverständnis der meisten Menschen, die bis heute die mächtigsten Positionen in unserer Gesellschaft innehaben: Politiker, Banken und nach wie vor ein großer Teil des Managements.

In der kreativen Ökonomie, in der Wissensgesellschaft, genügt es aber nicht mehr, ein leicht regierbares und manipulierbares Völkchen aus Erbsenzählern und mediokren Systemerhaltern hinter sich zu wissen, um Macht zu haben. Denn deren wichtigste Lebensinhalte – Auto, Einfamilienhaus und Mallorca-Urlaub – sind futsch, wenn sich die Einstellung zu den Gestörten im Lande nicht ändert. Ohne Kreativität keine Kohle. So einfach ist das.

3. Handarbeit

Vorsicht: Das ist nicht ein kleiner Modewechsel in der Mensch-
heitsgeschichte, sondern die Umkehrung aller Verhältnisse, wie
wir sie kennen. Die Gestörten übernehmen die Macht. Die Ge-
hemmten führen ihr letztes Gefecht. Ist unser Verhältnis zur
Kreativität wirklich so gestört? Auch das kann man an einfa-
chen Fragen und simplen Tests selbst jeden Tag und zu jeder
Stunde feststellen. Man stellt sich eine einfache Frage: Was ist
Arbeit? Was ist ehrliche, richtige Arbeit?

Welche Antwort finden wir darauf?

Nach wie vor gewinnt Handarbeit gegen Kopfarbeit jede po-
litische und öffentliche Debatte. Handarbeit ist ehrlich, Kopf-
arbeit unberechenbar und bohemienhaft. Die Handarbeit ist
die Währung des guten Deutschen, die Kopfarbeit die Domäne
der Außenseiter und Gestörten, der Schausteller und Intellek-
tuellen. An nichts lässt sich das deutlicher zeigen als im Um-
gang mit Kopfarbeitern – gestern wie heute: Akademiker, die
nach neuen Lösungen suchen, gelten ganz allgemein als schrul-
lig. Verrückte Professoren eben. Deshalb gelang es Ex-Kanzler
Gerhard Schröder auch so mühelos, Professor Paul Kirchhof –
der als Finanzminister in einer Regierung Angela Merkel vor-
gesehen war – bei der Bundestagswahl 2005 zu verunglimpfen.
Dabei musste er nicht mal auf die Details der von Kirchhof er-
dachten Steuerreform eingehen. Das wäre sogar schädlich gewe-
sen. «Dieser Professor aus Heidelberg», also der kurze Hinweis

darauf, dass der Feind ein Intellektueller war, genügte. Ein Gestörter eben. Würdet ihr einem Gestörten vertrauen?

Auf den antiintellektuellen Reflex der Deutschen ist Verlass. Das Land ist nach wie vor fest in der Hand der Gehemmten. Und sie propagieren, was sie kennen – das ist nicht viel, das führt zu nichts Neuem, sondern immer nur zu mehr vom Gleichen, ist aber bewährt: ehrliche Handarbeit. Das hat die Nation geprägt, im agrarischen Feudalismus und vor allem in der Industriegesellschaft. Nur wo handfeste Produkte nach Plan und klaren Vorgaben erzeugt werden, Güter, die man anfassen und sehen kann, begreifen die Gehemmten, dass etwas Werthaltiges entstanden ist.

Wer darauf setzt, setzt auf Stagnation und Rückgang. Seit nahezu hundert Jahren ist der Wertschöpfungsanteil der Industrie in den entwickelten Ländern nicht gestiegen. Die Industrie stirbt zwar nicht aus – aber ihre Rolle als Motor des Wohlstands wird immer unbedeutender. Automation und Technologie, die Folgen von Kopfarbeit, machen es möglich, dass Güter und Waren ohne Engpässe zur Verfügung stehen, aber immer weniger Menschen mit dem Handgreiflichen beschäftigt sind. Schon diese Tatsache ist nach wie vor nicht in den Köpfen der meisten Bürger angelangt. In der «führenden Industrienation», so die gängige Selbstdefinition Deutschlands, waren im Jahr 2006 gerade noch acht Millionen Menschen in der Industrie, im produzierenden Gewerbe und im Handwerk tätig. Das entspricht bei 39 Millionen Erwerbstätigen einem Anteil von 20 Prozent. «Das Land der Maschinenbauer und Autohersteller, der Ingenieure, Mechaniker und Laboranten verliert seine industrielle Basis», stellte dazu die Erfurter Kulturwissenschaft-

lerin Heike Grimm fest. Und die Boston Consulting Group warnte im Jahr 2004 in diesem Zusammenhang: «Die Bevölkerung nimmt diese Gefahr eher fatalistisch hin.»

Wen wundert's. Was der Bauer nicht kennt, frisst er nicht. Routinierte Handarbeit führt immer zu irgendeinem greifbaren Resultat, auch wenn dabei nicht mehr herauskommen kann, als man schon kennt. Aber das schafft die Sicherheit, die die Gehemmten so brauchen. Und macht die Kreativwirtschaft in Deutschland zum Fremdkörper.

4. Kreative Arbeit

Die Ware, mit der diese neue Wirtschaft handelt, Kreativität, hat es ohnehin schwer. Denn sie lässt sich im Gegensatz zu ihren historischen Vorgängern nicht einfach im Voraus definieren, so wie man es für ein Werkstück oder ein Produkt vom Fließband ganz selbstverständlich tun kann. Eine Idee ist zunächst nichts weiter als ein Gedanke, eine Abstraktion, nichts Gegenständliches also. «Davon kann man sich nichts kaufen», sagt der Volksmund. Es steht auch nirgendwo geschrieben, dass kreative Arbeit verlässlich zu Ergebnissen führt. Auch die Richtung ist oft nicht klar bestimmbar. Nachdenken kann zu Ergebnissen führen, die mit dem ursprünglichen Ziel nichts zu tun haben, zu Nebeneffekten, neuen Erkenntnissen, die völlig überraschend sind. Das ist ein wesentlicher Unterschied zur Handarbeit, die zielorientiert und planvoll verläuft. Kreative Arbeit ist risikoreich. Sie kann zu Revolutionen führen, aber auch völlig im Sande verlaufen. Mit anderen Worten: Nichts ist einfacher, als kreative Denkarbeit zu diskreditieren – und sie vor dem Hintergrund des Bewährten infrage zu stellen. Das passiert auch regelmäßig. Und noch etwas kommt hinzu: Kreative sind in der wirklichen Welt keineswegs so leicht von anderen Menschen zu unterscheiden wie im Labor der Neurowissenschaftler. Schon der Begriff Kreativität ist im Grunde nicht klar definiert. Im heutigen Sprachgebrauch meint man damit eigentlich alles, was irgendwie Neues schafft, also Dinge, Metho-

Alle bekannten
Klassen und
Schichten lösen sich
unter der kreativen
Doktrin auf.

den, Verfahren und Ideen, die zuvor noch niemand hatte. Erfindungen, Verbesserungen, Optimierungen, Kunstwerke, Literatur, Musik, Software, Design und Blaupausen fallen, neben Tausenden anderen Dingen, unter diese weitläufige Definition. Kreativ ist ein Schreiner, der aus einem Stück Holz ein Unikat, ein noch nie da gewesenes Original schafft, ebenso wie ein Chirurg, der eine neue Operationstechnik ersinnt. Ein Software-Ingenieur findet sich auf der gleichen gesellschaftlichen Ebene wie ein Klempner, der eine Wasser sparende, ökologisch sinnvolle Klospülung bastelt. Alle bekannten Klassen und Schichten lösen sich unter der kreativen Doktrin auf.

Der Wissenstheoretiker und Soziologe Nico Stehr ist seit mehr als 30 Jahren einer der Scouts der Wissensgesellschaft, also jener heute anbrechenden Epoche, deren Wirtschaft auf Kreativität beruht: «Es ist ganz normal», sagt der Professor, der heute[1] an der Zeppelin University in Friedrichshafen lehrt, «dass die Menschen hier irritiert sind. Aber die Transformation, die heute ansetzt, erfasst Menschen und Prozesse eben auf allen Ebenen. Ob sie wollen oder nicht. Es spielt keine Rolle, ob man diese Veränderung bewusst erlebt – man kann sie nicht verhindern.»

Stehr sieht das aber keineswegs pessimistisch. «Das Zeitalter der Industriegesellschaft geht zu Ende, die Fähigkeiten und Fertigkeiten, die nötig waren, um deren soziale Ordnung zu sichern, verlieren an Bedeutung», sagt er. Die moderne Arbeitswelt werde nicht mehr, wie in der Industriegesellschaft, durch schiere Nachfrage bestimmt, sondern durch Angebote, also durch permanente Erneuerung und Innovation. Eines der wichtigsten Merkmale der dabei entstehenden neuen Klasse ist die Fähigkeit, weitgehend selbstständig und unabhängig von vorgefertigten Arbeitsabläufen zu entscheiden, welche Lösung für ein aktuelles Problem die richtige ist. Das ist so neu, dass einem ganz schwindelig wird.

Und dennoch schon lange in der Welt. Die neue Wirklichkeit der kreativen Wirtschaft klopft in Deutschland vergleichsweise spät an. In den USA begann man schon nach Ende des Zweiten Weltkriegs über die neuen Wirtschaftsfaktoren Wissen und Kreativität nachzudenken. Während die europäische Ökonomie – durch die nötigen Wiederaufbauarbeiten in einem durch den Krieg weitgehend verwüsteten Kontinent – einen zweiten Frühling erlebte, war in den USA die Wende schon viel früher bemerkbar. Eine der ersten Studien datiert aus den späten Vierzigerjahren.

Der Ökonom Fritz Machlup[2] ist der Pionier der kreativen Wirtschaft und Wissensgesellschaft – in den Sechzigerjahren prägte er maßgeblich die Begriffe Wissensökonomie und Informationsgesellschaft. Bei seiner Suche nach den Trägern der kreativen Wirtschaft schlug Machlup nicht die ausgetretenen Pfade ein. Er trennte den produktiven Sektor nicht von den Dienstleistungen, Akademiker nicht von Handwerkern oder Service-Leuten. Sein Konzept war auf Tatsachen ausgerichtet: Wenn jemand ein Problem weitgehend eigenständig neu lösen konnte, so wie es vor ihm noch niemand getan hatte, wenn dieser Prozess zudem auch von Menschen durchgeführt wurde, denen man die Entscheidung über die Lösung selbst zutraute, dann rechnete sie Machlup in die Kategorie seiner «Knowledge-Worker». Seine ersten Studien ergaben bereits Ende der Vierzigerjahre, dass mehr als 50 Prozent der amerikanischen Erwerbs-

tätigen dieser Kategorie zuzuzählen waren. Man mag rückblickend die Zahl in Zweifel ziehen – denn viele der Berufsgruppen, die Machlup optimistisch zu der neu entstehenden kreativen Klasse zählte, waren noch in enge Betriebsabläufe und Vorgaben eingebunden.

Für die Machlup nachfolgenden Forscher, etwa den Stanford-Professor Paul Romer (siehe brand eins 02/2004) und den Politologen und Bestsellerautor Richard Florida (siehe brand eins 09/2006), waren Machlups Arbeiten aber wichtige Wegweiser. Diese Arbeiten machen vor allem eines klar: In der Kreativwirtschaft arbeiten weder einsame Genies noch ferne Avantgardisten. Die Kreativwirtschaft ist nichts anderes als der neue Normalzustand. Nur dass das viele eben noch nicht als normal begriffen haben. Das macht gleichsam das wichtigste Defizit aus: Kreative Arbeit war früher exklusiv, heute ist sie normal. Die Wissensgesellschaft könnte man genauso gut das Zeitalter der selbstständigen Entscheidung nennen. Das ist die Voraussetzung für eine effiziente Kreativwirtschaft – und nicht die Branche, in der sie stattfindet.

5. Kreative Klasse

So finden sich Spitzenvertreter der neuen kreativen Klasse ebenso in Industrieunternehmen wie in eingesessenen Handelshäusern oder in Ämtern und Behörden. Sie arbeiten für Banken oder in kleinen Handwerksbetrieben. «Der Kopf setzt die Rahmenbedingungen für kreative Arbeit. Nicht die Zugehörigkeit zu einem Sektor, die völlig überholt ist», sagt Nico Stehr. Aber gerade weil das so ist, spielt es eine entscheidende Rolle, was in den Köpfen abgerufen wird. Was noch drin ist von der Welt von gestern und wie viel schon drin ist von der, die gerade entsteht. Das Bewusstsein bestimmt die Zugehörigkeit zur kreativen Klasse. Nach Richard Florida, einem der berühmtesten Vertreter der neuen Theorie der kreativen Klasse, sind in den entwickelten Industrienationen bereits zwischen 25 und 30 Prozent aller Erwerbstätigen im kreativen Bereich tätig. In den USA erwirtschaftete die kreative Klasse im Jahr 2004 nach Florida bereits die Hälfte aller Erwerbseinkommen – so viel also wie Industrie und Dienstleistungen zusammen.

Wer sind die Menschen, die diese für uns noch so neuen Erfolge tragen? «Sie sind beschäftigt in der Wissenschaft oder in Ingenieurberufen, in Forschung und Entwicklung, in technologiegestützten Industrien, in Kunst, Musik oder Kultur, in den Ästhetik- und Designbranchen oder in wissensbasierten Feldern der Gesundheitswirtschaft, des Finanzwesens und des Rechts», schreibt Florida in seinem mit Irene Tinagli verfassten

Aufsatz «Technologie, Talente und Toleranz». Die drei T sind zum Markenzeichen des Professors der Carnegie Mellon University in Pittsburgh[3] geworden. Was Floridas Untersuchungen über den Aufstieg der kreativen Klasse – The Rise of the Creative Class, so der Titel seines 2002 erschienenen Bestsellers – von jenen seiner Vorgänger unterscheidet, ist die Betonung der Bedeutung sozialer Komponenten bei der Entwicklung der kreativen Wirtschaft. «Kreativität ist ein Grundelement der menschlichen Existenz», heißt es da, «ein breit angelegter sozialer Prozess, der Zusammenarbeit erfordert. Sie wird stimuliert durch menschlichen Austausch und durch Netzwerke; sie findet statt in tatsächlichen Gemeinschaften und an realen Orten.»

Florida hat in seinem Buch nachgewiesen, dass tolerante und offene Gemeinschaften die Grundvoraussetzung für den Erfolg kreativer Wirtschaft sind. Borniertheit und Intoleranz, ganz gleich, ob gegen gesellschaftliche Minderheiten oder Intellektuelle, sind hingegen Faktoren, die diese Entwicklung massiv behindern. Nicht Rohstoffe und Maschinen, Kapital und Boden würden von nun an Menschen anziehen und Wirtschaft treiben. Es ist der «Wettbewerb um die kreativen Köpfe», der für Florida im 21. Jahrhundert spielentscheidend für den Erfolg von Regionen und Ländern ist. People follow jobs? Das war gestern. Jobs follow people.[4] Das ist nach Florida die Dynamik unseres Jahrhunderts. Und dabei sind Talente und Technologien wichtig, gewiss. Aber die allerwichtigste Währung, das große T sozusagen, ist Toleranz. Toleranz erfordert vor allem auch eines: Geduld und Vertrauen. Wir wollen nachsehen, wie es um diese Schlüsselressource bestellt ist.

6. Kreativismus

Das deutsche Wort Kreativität wurzelt im lateinischen creare, was so viel bedeutet wie Neues herstellen, was nun auch nicht wirklich weiterführt als die gegenwärtige Definition. Nur Etymologen wenden ein, dass auch der lateinische Stamm crescere bei der Wort- und Sinnbildung eine Rolle spielt. Crescere bedeutet wachsen und werden lassen – angesichts der Versuche im Labor der Neurowissenschaftler eine verblüffend interessante Wurzel des Begriffs Kreativität. Wachsen und werden lassen – das beschreibt, was in Carsons Test den Kreativen vorenthalten wird – das Recht darauf, das Neue ohne Druck und Stress denken zu können. Kreativität muss sich entwickeln können, in Ruhe wachsen.

Doch auch dieser Punkt setzt etwas voraus, was diese Gesellschaft erst lernen muss, was der Kultur der Handarbeiter und Industrie noch fremd ist: Vertrauen. Das ist eine weitere, fehlende und vielleicht die wichtigste Voraussetzung für die Wissensgesellschaft: Ohne Zutrauen in die Fähigkeit der Kreativen, ohne Vertrauen auf Lösungen ist kein neuer Staat zu machen. Von Lenin, dem Vater des totalen Staates des 20. Jahrhunderts, soll das berühmte Diktum stammen: «Vertrauen ist gut, Kontrolle ist besser.» Gehemmte sind geborene Kontrollettis. Im Industriezeitalter ist Vertrauen nur in Spurenelementen vorhanden. Misstrauen ist der größte Feind der Kreativität.

Deshalb kommt es – ein bisschen Spaß muss sein – am Über-

gang von der Handarbeiter- zur Kopfarbeitergesellschaft zu lustigen Szenen, die sich gelegentlich über Jahre hindurch wiederholen, ohne dass irgendwann mal etwas Neues passiert. In praktisch jedem größeren Unternehmen und jeder Organisation ruft das Management, also die Praktiker alias die Gehemmten, die Mitarbeiter zu mehr Kreativität auf. Das klingt dann wie eine Rede von Edmund Stoiber, also komisch, aber wirr. Wie sollte es auch anders sein: Die Chefs fordern, was sie nur vom Hörensagen kennen, und etwas, das sie über Jahre mit Nachdruck verboten haben. Selbst solch einen Unsinn kann man aber mit gehörigem Druck einfordern. Die Tonlage wird schärfer.

Anfang der Vierzigerjahre war Kreativität in Verbindung mit klassischer Produktionswirtschaft gerade mal so gestattet; man nannte das gern und ein wenig nebulös «Synergie zwischen den Welten». Damals ahnte man, wohl angesichts der Erfolge der Computer, die als Produkt schierer Kopfarbeit gerade die Welt eroberten, dass Nachdenken auch in industriellen Prozessen nicht unbedingt das Blödeste ist, das man tun kann. Der zunehmende Druck der Globalisierung und die damit verbundene höhere Dynamik der Märkte tat ihr Übriges. Die Produktzyklen wurden kürzer, die Produkte vielfältiger – allerdings nur scheinbar. Statt wirklicher Innovationen wurden vor allem Features kreiert, eine industrielle Spielart gehemmter Kreativität. Man pappt an ein standardisiertes Produkt, zum Beispiel einen Fernseher, ein paar – weitgehend sinnfreie – Zusatzfunktionen und erklärt es zum innovativen Meisterwerk. Halbe Schritte, wie sie für Gehemmte ganz typisch sind.

Doch das reicht nicht, das zeigt sich überall. Also mehr Krea-

Die Systeme, die
wir vorfinden,
sind gewaltige
Skalierungs- und
Ordnungsmaschinen.
Sie sind dazu da,
abweichendes
Verhalten zu
bekämpfen.

tivität! Los! Dalli! Das aber ist nicht Kreativität, sondern Krea-
tivismus, der dumme Versuch, etwas zu formalisieren, was sich
nicht formalisieren lässt: Nachdenken. Auch daran zeigt sich,
wie sehr wir noch im Reich der Gehemmten leben. Um die
schiere Produktion zu erhöhen, konnte man seine Arbeiter
dazu zwingen, die Stückzahl zu erhöhen. Man drehte das
Fließband schneller. Mehr Output. Kreativität aber ist nicht
skalierbar. Sie ist eben nicht beliebig herstellbar. Kreativität
lebt von Freiheiten, nicht von Kommandos. Die Kommandowirtschaft hat das aber noch nicht annähernd begriffen. Wie
sollen die Angesprochenen darauf reagieren? Ihr Leben lang
wurden sie mit aller Macht und Kraft davon abgehalten, eigene Wege zu gehen und eigenständige Lösungen zu finden.
Generationen vor ihnen haben das Gleiche erlebt. Wer Karriere
machen wollte, musste sich den Gehemmten anpassen. Die Or-
ganisationsformen von Staat, Politik, Konzernen und großen
Institutionen, straff geführt und hierarchisch geordnet, gibt es
aber gerade, um Abweichlertum zu verhindern. Die Systeme,
die wir vorfinden, sind gewaltige Skalierungs- und Ordnungsmaschinen. Sie sind dazu da, abweichendes Verhalten zu bekämpfen.

Für die meisten Konzernchefs in Deutschland kommt es
schon einem Sakrileg gleich, wenn ihre Mitarbeiter hin und
wieder zu Hause arbeiten. Und sie spendieren ihren Angestell-
ten auch mal einen Kreativ-Workshop am Wochenende – am
Montag ist der Spaß dann wieder vorbei. Dann riskieren die,
die ernst nehmen, was für die Hierarchieträger nur Spaß ist,
Kopf und Kragen. Wer kreativ, sozial verantwortlich und Risiken nicht scheuend handelt, begeht karrieretechnisch Selbst-

mord. Lahme fordern auf zum 100-Meter-Sprint, Blinde emp-
fehlen sich als Fahrlehrer. Als wüssten sie nicht, was sie tun.

Man muss nicht erst auf sie hereinfallen. Man kann schon
vorher erkennen, mit wem man es zu tun hat. Sprache ist verrä-
terisch. Wozu wird denn mehr Kreativität gefordert? In der Re-
gel, so hören wir von Managern wie Politikern, um den Indus-
triestandort Deutschland zu retten und viele schöne neue
Vollzeitarbeitsplätze zu schaffen. Kurz und gut: um die Voraus-
setzungen zu stärken, unter denen Kreativität nicht wachsen
kann. Sondern nur alte Machtverhältnisse. Damit kann sich
niemand arrangieren, der auf die Wissensgesellschaft setzt. Wer
die Forderung nach mehr Kreativität ernst nimmt, muss vieles
hinter sich lassen: alte Sitzungs- und Zeitpläne, Rituale und
Hierarchien, Mehrheitsmeinungen und Hausordnungen –
schlussendlich alles, was den Laden der Gehemmten zusam-
menhält.

Kreativität verlangt nach Menschen mit Selbstorganisation.
Unternehmern also.

7. Die Diktatur der Langsamen

*Das hat auch Tim Renner gelernt, der heute von Berlin aus die
Sender- und Musikverlagsgruppe Motor Entertainment leitet.[5]
In den Neunzigerjahren machte der (damals) 42-jährige Musik-
manager eine Blitzkarriere. 1998 wurde er im neu geschaffenen
Universal-Musikkonzern zum President Music ernannt, wurde
2001 Chairman und CEO von Universal Music Deutschland.
Renner galt weit über die Republik hinaus als Beispiel dafür,
wie es ein kreativer, quer gestrickter Youngster bis in die höchs-
ten Konzernzentralen schaffen konnte. Er war der Herzeige-
Kreative der Musikindustrie.*

*Bis 2004. Denn in jenem Jahr machte Tim Renner, was sein
Konzern angeblich am tollsten an ihm fand: Er machte Ernst,
auf kreative Weise. Er versuchte, den seit einiger Zeit stagnie-
renden und sogar einbrechenden Absatz von CDs im normalen
Vertrieb durch ein Internet-Portal abzufangen, auf dem Kunden ganz einfach die Sounds der Universal Music online kaufen konnten. Aus heutiger Sicht war das eine goldrichtige Entscheidung. Aus Sicht des Konzerns war es damals Hochverrat.
Renner wurde zum Präzedenzfall. An ihm misst sich bis heute,
wie ernst das Gerede um mehr Kreativität ist.*

*Er lernte etwas anderes: «Ich habe damals sehr schnell be-
merkt, dass alles in der Organisation nicht etwa auf Leistungs-
fähigkeit und Innovation, Kreativität oder Fortschritt ausgerichtet war, sondern schlicht auf die Langsamsten in der ganzen*

Truppe. Man hat mir relativ unmissverständlich klargemacht, dass es einfach nicht ginge, in Sachen Web voranzupreschen. Universal Deutschland könne erst dann eine Website mit Verkaufsportal haben, wenn das auch Universal Paraguay schafft», erzählt er.

In diesen Tagen bemerkte Renner, was er als «die große Paradoxie, aber gleichzeitig die Wirklichkeit von Konzernen ausmacht: Innerhalb ihrer Strukturen sind die Leute am erfolgreichsten, die am unbeweglichsten sind. Die Langsamen siegen immer. Und die Kreativen werden immer behindert. So sind die Regeln.» Diese Regeln, ergänzt er, ergeben sich nicht von selbst. Sie sind, wie vieles, was Konzerne und wohlhabende Staaten heute so träge und zukunftsfern hat werden lassen, ein Produkt der Erfolge früherer Tage. Selbst dann, wenn sich mit den alten Methoden – etwa Industrialisierung und Skalierungs-Wut um jeden Preis – nichts mehr erreichen lässt, bleibt doch ein «Echo aus den guten Tagen übrig, dem man sich verpflichtet fühlt. Es ist ziemlich perfide», sagt er, «aber die Leute, die die Kreativen gegen die Wand laufen lassen, haben so eine Art Verantwortungsbewusstsein. Es besteht darin, die Reste des alten Erfolgs nicht infrage zu stellen, weil sonst eben gar nichts mehr bleibt.»

Solche Systeme sind nicht bloß kreativ-feindlich. Sie sind gleichsam auch keine Unternehmen mehr. Der österreichische Ökonom Joseph Schumpeter hat die kreative, also die schöpferische Zerstörung als Grundkonstante des Kapitalismus und damit des Unternehmerischen definiert.[6] Die kreative Zerstörung ist nicht einfach ein Gag der neuen Zeiten. Sie ist, wie Schumpeter festhält, «das für den Kapitalismus wesentliche Faktum. Darin besteht der Kapitalismus, und darin muss auch jedes ka-

Unternehmen und
Organisationen, die
Veränderung nicht
zulassen, haben auf-
gehört, Unternehmen
zu sein. Sie sind zur
Bürokratie geworden.
Der Zweck der
Bürokratie ist der
Erhalt der eigenen
Struktur.

pitalistische Gebilde leben.» Die eine Erkenntnis daraus ist: Es gibt keine Dauerhaftigkeit und damit auch nichts, was sich zu verteidigen lohnt. Die zweite, vielleicht noch wichtigere: Unternehmen und Organisationen, die Veränderung nicht zulassen, haben aufgehört, Unternehmen zu sein. Sie sind zur Bürokratie geworden. Der Zweck der Bürokratie ist der Erhalt der eigenen Struktur. In der Kunst nennt man so etwas l'art pour l'art, was so viel bedeutet wie: Kunst um der Kunst willen. Dies ist bis heute ein herausragendes Merkmal der alten Kulturwirtschaft. Sie zielt auf Bestand ab. Sie ist subventionsabhängig. Diese Spielart hält man in Europa für normal. Nach wie vor ist es ein wenig verhaltensauffällig, wenn ein Kulturbetrieb ohne Subventionen und ohne öffentliche Förderungen auskommt – also ein Kulturunternehmen ist.

Das ist ein wichtiger Hinweis darauf, wie missverstanden der Begriff der Kreativität in der Kulturwirtschaft nach wie vor ist: Kunst für die Kunst ist nichts anderes als ein Konzern des Konzerns wegen. Es ist kein Modell. Es ist eine Ausrede, zu der es kommt, weil die Kreativität fehlt, sich wirklich selbstständig zu machen. Kein Künstler schafft ein Werk an und für sich. Kein Unternehmen hat einen Zweck, wenn es nicht einen Markt findet, also seine Produkte und Ideen der Gesellschaft zur Verfügung stellt. Subventionen machen nicht nur die Institutionen, die sie entgegennehmen, zu Almosenempfängern. Sie führen auch dazu, dass die Produkte, die dabei entstehen, entwertet werden. Für Unternehmen und Kreative gilt also, ganz gleich, womit sie sich beschäftigen: Wer nur an sich denkt, macht sich bedeutungslos.

8. Elfenbeintürme

Non-Profit. Auch über dieses Wort muss man reden, denn es ist eng verwoben mit dem Selbstbild vieler Kreativer. Das Nicht-Profitable, das Theoretische, das stand lange Zeit in der Geschichte der Kreativen im Vordergrund. Denn nicht wenige Künstler, Intellektuelle, Erfinder und Forscher fühlten sich an dem Ort, den ihnen die Praktiker zugewiesen hatten, recht wohl – am Rande der Gesellschaft, in dem Gehäuse, das man Elfenbeinturm nennt. Das war lange Zeit ein gemütlicher Ort. Niemand fragte ernsthaft nach, was seine Bewohner trieben, und wenn es doch jemand tat, verstand kein Normalsterblicher die Antwort, die die Mieter gaben. So nährten sie selbst den Mythos der Gestörten, die man keinesfalls ungefiltert auf die Welt loslassen durfte. Praktiker und Theoretiker der Kreativität hatten ihre Arbeitsteiligkeit gefunden. Es ist kein Zufall, dass marktwirtschaftlich geprägte Gesellschaften solche Zustände nicht einfach hingenommen haben. Im angloamerikanischen Raum ist es für Wissenschaftler von Weltruf selbstverständlich, dass sie das, was sie tun, einem breiten Publikum ohne Berührungsängste auch zu vermitteln versuchen. Der europäische Wissenschaftler gefällt sich nach wie vor in der Rolle des Sonderlings.

Auch das kann ein kleiner Test belegen: Man vergleiche die Werke der berühmtesten amerikanischen Natur- und Geisteswissenschaftler mit jenen ihrer deutschen Kollegen. Dass sich die Ausführungen der Amerikaner selbst im Original leichter verstehen lassen als das, was große Teile unserer Geistes-Eliten für Klartext halten, dürfte nicht schwer herauszufinden sein. Auch in den Künsten gilt: je wunderlicher und verquerer, desto angesehener. Ein Künstler, der sich nicht gleichsam als weltfremd inszeniert, passt so gar nicht ins Bild des kreativen Genies, an dem die alte europäische Kultur so hängt. All das erinnert an Kinder, die sich weigern, sprechen zu lernen, um der Verantwortung des Erwachsenwerdens zu entgehen. Bloß nicht selbstständig werden. Das ist mühsam.

Doch gerade weil die Wissensgesellschaft keine Schimäre ist, weil sie sich allmählich und gegen alle Widerstände entwickelt, wird der Elfenbeinturm immer baufälliger – und etliche seiner Bewohner werden mürrischer. Mal stampfen sie wütend gegen die totale Kommerzialisierung der Wissenschaft, mal gegen den Einbruch des Kapitalismus in die Künste auf. Natürlich tun das nicht alle, sondern nur die, die es nötig haben. Denn dass Kreativität und Innovationskraft immer wichtiger werden, sollte die Kopfarbeiter eigentlich freuen. Sie rücken damit automatisch in den Blickpunkt der Öffentlichkeit. Medien fragen nach.

Gibt es eigentlich etwas Besseres für diejenigen, die jahrzehntelang am Gängelband der Bürokratie hingen, von Subventionen und Almosen abhängig, immer irgendwie als wunderlich hingestellt? Kommt darauf an. Denn auch der Elfenbeinturm war nie wirklich ganz von der Entwicklung der Gesellschaft abgekoppelt. So wie in Politik und Management die Bürokraten triumphierten, die Gehemmten das Zepter übernahmen, war es auch in der Kulturwirtschaft und der Wissenschaft. Dort spielen Bürokraten eine meist erheblich wichtigere Rolle als die Kreativen selbst. Dass die sich dagegen wehren, dass die Wirklichkeit nun an ihrem Turm anklopft, um nachzufragen, was sie eigentlich so treiben, ist nicht weiter verwunderlich.

9. Erlangen

Neue Fragen sind überall. Wie offen, wie tolerant, wie netz-werkfähig sind jene, die sich heute bei uns zur kreativen Klasse zählen, wirklich? Die Realität zeigt uns: Hier wird noch geübt. Noch gibt die Handarbeit im Land den Takt vor; noch sind die Einsichten in die neuen Zeiten getrübt von alten Vorurteilen, Missverständnissen und der Trägheit der Gehemmten, die nicht wahrhaben wollen, dass ihre Herrschaft über die Gestörten vor-bei ist. Erst allmählich stellt sich die Republik der Langsamen dem Tempo des Kopfes, dem Takt der neuen Zeit. Dabei sind Irrtümer und Skurriles nicht zu vermeiden – sie sind den ge-genwärtigen Verhältnissen geschuldet.

Ein schönes Beispiel dafür liefert die 2006 von der Techni-schen Universität Bergakademie Freiberg veröffentlichte Studie «Die Geografie der kreativen Klasse in Deutschland». Die For-scher durchforsteten die offiziell verfügbaren Beschäftigungs-Statistiken nach kreativen Werktätigen. Das Mekka der kreati-ven Klasse in Deutschland, so fanden sie dabei heraus, liegt nicht in Berlin oder Hamburg, München oder Stuttgart, son-dern in Erlangen. Dass sich ausgerechnet die Siemens-Stadt im Fränkischen gegen die Konkurrenz der viel gerühmten kreati-ven Großstädte durchsetzen konnte, hat einen einfachen, einen deutschen Grund. Er ist den Forschern, die das in ihrer Studie beinahe entschuldigend darlegen, auch irgendwie peinlich. Die Daten für die Beschäftigten stammen von der Bundesagentur für Arbeit und anderen Behörden, in denen man Arbeit nicht nach Kreativität, sondern nach Sozialversicherungspflicht bemisst. Das macht Lehrer und Verwaltungsbeamte zu Angehörigen der kreativen Klasse – und schließt Unternehmer und Freiberufler aus.

Irgendwie gestört. –

Wo sind die Gestörten heute oder: Wissen wir, was wir wissen?

Ist die Republik der Langsamen schneller geworden oder bloß ängstlicher? Und hat sich an der Rolle der kreativen Wissensarbeit etwas geändert?

It's the culture, stupid

Für Autoren ist es schön, wenn Texte lange halten. «Die Gestörten» (und die Gehemmten) erschien 2007 als Einleitung, als Leit-Essay in brand eins. Bis heute erhalte ich von Leserinnen und Lesern Reaktionen darauf. Dabei fällt vielen gar nicht auf, dass dieser Text fast zwei Jahrzehnte auf dem Buckel hat. Das ist für den Autor immer noch schön, aber was heißt das für den Stand der Transformation? Die Antwort, um die sich dieses Buch dreht, vorweg:

Es hat sich viel geändert, vieles an der einst gestörten Wissensarbeit ist heute normal. Aber die Arbeitskultur ist immer noch im Gestern. Und ja, die Gestörten sind die neuen Normalos. Aber wissen sie das auch?

Man könnte nun sagen: Macht doch nichts, Hauptsache, sie tun, was sie sollen. Doch so einfach ist das nicht. So wenig wie es ein richtiges Leben im falschen gibt – wie Theodor Adorno schrieb –, gibt es richtige Wissensarbeit in einer dafür falschen, nämlich nach Industrienorm organisierten Umwelt.

Das ist auch der Grund, weshalb sich Wissensarbeitende in vielen Unternehmen fremd fühlen. Übersehen von Politik, Management und Parteien, werden so die sauer gefahren, die für die Transformation von der Industrie- zur Wissensgesellschaft entscheidend sind: Fachkräfte, die nicht einfach ihren Stiefel machen, sondern mit Ideen und Innovationen dem vielfältigen Stillstand entgegentreten. Die für Veränderung stehen also.

Es kommt vor, dass die (menschlich programmierte) künstliche Intelligenz mehr weiß als viele ihrer Schöpfer. Gut 17 Jahre nach Erscheinen der Gestörten fragte ich ChatGPT, was Wissensarbeit bedeutet. Hier die Antwort:

Wissensarbeiter sind Menschen, die hauptsächlich intellektuelle Arbeit leisten und ihr Wissen und ihre Fähigkeiten einsetzen, um komplexe Probleme zu lösen oder neue Ideen zu entwickeln. Sie arbeiten oft in Bereichen wie Forschung, Entwicklung, Beratung oder kreativen Branchen. Wissensarbeiter zeichnen sich durch ihre Fähigkeit aus, Informationen zu analysieren, kritisches Denken

Was ist diese alte
Welt, was die neue,
was verändert sich,
wie geht es voran?

anzuwenden und innovative Lösungen zu finden. Ihre Arbeit basiert weniger auf physischer Kraft, sondern vielmehr auf ihrem Wissen, ihrer Kreativität und ihrer Fähigkeit, Informationen effektiv zu nutzen.[1]

Stellen wir uns vor, wir hätten diese Frage dem klassischen deutschen Manager gestellt. Einem Berufspolitiker. Oder in einer Straßenumfrage, an einer (höheren) Schule. Wäre diese – überaus korrekte – Antwort zu erwarten gewesen?

Wir leben in einer Kultur des Alten. Auch wenn wir längst andere geworden sind.

Es ist noch länger her, 1992, da erfand der Spin Doctor James Carville für den demokratischen Präsidentschaftskandidaten Bill Clinton den Slogan «It's the economy, stupid». Clinton siegte souverän, auch weil er und sein späterer Vizepräsident Al Gore der Wissensarbeit und den neuen digitalen Netzwerken, die damals noch Information Superhighway genannt wurden, eine besondere Rolle gaben.

Damals sah ein möglicher Präsident nicht nur die Vertreter alter Macht am Horizont – Militärs, Banker, Vorstände und Controller. Sondern die Nerds, die im Silicon Valley Triumphe feierten, schüchterne Außenseiter mit Brille wie der Microsoft-Gründer Bill Gates, Turnschuh-Helden wie Apple-Genius Steve Jobs, Menschen, die sich selbst als *Knowledge Worker* sahen, als Wissensarbeiter. Sie waren die Antwort auf die Hoffnungslosigkeit, die sich im ganzen Westen verbreitet hatte, seit der Motor der Industrie in den Siebzigerjahren ins Stocken geraten war und immer wieder von Neuem stotterte, ganz gleich, mit wie viel Geld er auch geflickt wurde. In den seither stets wechselnden politischen Verhältnissen in den USA mag man erkennen, wie der Kampf zwischen alter und neuer Welt tobt, und diese Auseinandersetzung wird längst auch in Europa geführt. Die Gehemmten, das sind die Modernisierungsverlierer – und die Gefolgsleute von Populisten.

Aber der Reihe nach. Was ist diese alte Welt, was die neue, was verändert sich, wie geht es voran?

Ehrliche Gehemmte, faule Gestörte

Den Begriff Transformation liest jeder nach eigenem Interesse und der eigenen politischen Identität als grüne, ökologische Transformation oder als soziale. Andere wiederum verwenden ihn als Oberbegriff für die jeweils aktuelle technologische Innovation. Beides greift zu kurz. Denn wir befinden uns in den sogenannten entwickelten Industriestaaten (OECD–Staaten)[2] seit spätestens Mitte des 20. Jahrhundert in einem gewaltigen Umwandlungsprozess von der vertrauten Industrie- zur noch unbekannten Wissensgesellschaft.

Durch die Automatisierung, zu der auch die Digitalisierung gehört, verlor die Industrie zusehends ihre Rolle als mit Abstand wichtigster Arbeitgeber. Immer mehr Menschen waren nicht mehr direkt in der Produktion beschäftigt, sondern entwickelten um diese herum Services, suchten nach neuen Lösungen, Produkten, Dienstleistungen. Nun könnte man, wie es in Deutschland immer noch üblich ist, diese Tätigkeiten als nachgelagert bezeichnen: Es gibt sie nur, weil es eben eine Industrie gibt. Tatsächlich aber verändert sich alles, was die Industriegesellschaft und ihre Kultur einst ausmachte – eine strenge, einheitliche Vorstellung von Arbeit und Leben, in straffen Organisationen mit ebensolchen Hierarchien, in denen Selbstbestimmung ein Fremdwort ist.

Die alte Ordnung
ist zutiefst gestört,
und sie reagiert
auf diese Störung
ausgesprochen
zickig.

Heute produzieren Roboter in den Fabriken nach Programmen und Methoden, die Wissensarbeitende entwickelt haben. In den Büros nimmt der Freiraum bei der Arbeit ständig zu. Immer mehr Tätigkeiten entziehen sich der starren Routine, sind flexibel und bedürfen einer zunehmenden Selbstständigkeit bei der Ausführung. Und nicht zufällig löste die Lockerung der starren Routinearbeit in Fabriken und Büros die Lockerung der gesellschaftlichen Verhältnisse seit den Sechzigerjahren aus.

Das ist keine Fleißgesellschaft mehr, die sich vom lateinischen Industria, dem Fleiß, den Namen vorgeben lässt, die nur malocht und rackert und pariert. Diese Gesellschaft ist von Vielfalt, also Diversität, geprägt, von persönlichen, individuellen Ansprüchen. Die alte Ordnung ist zutiefst gestört, und sie reagiert auf diese Störung ausgesprochen zickig. Kultur ist ein zähes Luder. Sie geht nicht so einfach weg, nur weil sich die Verhältnisse geändert haben. Es braucht viele Jahre, bis offensichtlich wird, zur Normalität, was neu ist.

Das Dilemma aller Transformation ist, dass die, die sie betreiben, nur selten zu denen gehören, die davon profitieren.

Wissensarbeit als solche galt und gilt immer noch als unehrliche Arbeit, für die man sich – nach den Maßstäben der alten Kultur –, nicht besonders anstrengen muss. Die Weichen, die Faulen, sie drängen zum Schreibtisch, ins Büro, die Harten hingegen standen an der Werkbank und am Hochofen, ließen die Abrissbirnen und Caterpillars tanzen und bauten auf und ab, dass es eine Freude war.

Der ganze Mythos des Fleißes hat auch die Aufbauphase nach dem verlorenen Krieg geprägt, und es ist, nach kulturellen Maßstäben, noch nicht lange her, dass man, wenn man als anständiger Arbeiter gelten wollte, schwitzen und abends erschöpft am Abendbrottisch sitzen musste, alles andere war nur eine Variante der Arbeitsverweigerung.

Diese Kultur hat schlicht ignoriert, dass immer schon der Plan war, die schwere Arbeit vornehmlich von Maschinen und Systemen erledigen zu lassen, während der Mensch – nach Möglichkeit denkend und schöpferisch – seine Möglichkeiten und die anderer erweitert. Das Werkzeug des kreativen Wissensarbeiters findet sich auf seinen Schultern, es ist der Kopf, jenes Wort, das auf Lateinisch caput heißt und aus dem sich unser Begriff des Kapitals wandelt.

Wo man den Fleiß, den vielfach so blinden Eifer, zur Staatsräson erhoben hat, gibt es eben nur mehr Fleißige und Faule, Anpacker und Taugenichtse. Das prägt auch das Bild jener Arbeit, die nicht Plackerei, Maloche, körperlich schwer ist: Auch im Büro muss geschuftet und gelaufen werden, als ob es ums Überleben ginge. Das ist ja auch der Fall, denn die Industriegesellschaft gibt sich nicht mit acht Stunden am Tag, fünfmal die Woche zufrieden. Sie will alles, immer, überall.

Auch das ist gestört, zutiefst, und immer mehr machen da nicht mehr mit.

Die Diktatur der Gehemmten

Deutschland ist industrialistisch, weil es die Industrie zur alles bestimmenden Doktrin erhebt und Wissensarbeit nur dort erlaubt, wo sie sich nützlich macht, also unmittelbar der Produktion dient. Für gute Wissensarbeit stehen die Fächer Mathematik–Informatik–Naturwissenschaften–Technik (MINT), weil sie Bezugspunkte zur glorreichen Vergangenheit als Industrienation aufweisen. Dazu passt, dass der Begriff Kreativität in MINT-Kreisen als halbseiden gilt. Lieber beruft man sich dort auf die Tradition der Forscher und Ingenieure: Der scharfsinnige Erfinder darf ebenso wie die kluge Forscherin ein kreativer Kopf sein und braucht keine Muskelmasse. Fleiß, auf Lateinisch industria, bleibt eine Tugend.

Die Zuordnung einer ganzen Gesellschaft und ihrer vielfältigen Interessen zu *einem* Sektor, dem der Industrie, ist an sich schon etwas, das uns auffallen sollte. In Deutschland ist Industriearbeit aber darüber hinaus immer auch schon das gewesen, womit man sich die Welt, den Menschen und die eigene Kultur erklären kann. Diese Vorstellung von Gemeinschaft, Gesellschaft steht in einem unübersehbaren Widerspruch zu dem, was in der Wissensgesellschaft wichtig ist. Die Industriegesellschaft ist eine Massengesellschaft, in der die großen Kollektive das Sagen haben. Sie definieren Kultur, Recht, Ordnung, Arbeits-

Die Industriege-
sellschaft ist eine
Massengesellschaft,
in der die großen
Kollektive das Sagen
haben. Sie definieren
Kultur, Recht,
Ordnung, Arbeits-
form und was richtig
und falsch ist.

form und was richtig und falsch ist. Es ist offensichtlich, dass dies zur Realität der Wissensarbeit, in der es um Diversität, Vielfalt, Komplexität und persönliche Fähigkeiten zur Problemlösung geht, im Gegensatz steht. Wissensarbeit, auch wenn sie in Kooperation und Netzwerken stattfindet, ist immer individueller und unterscheidbarer als Industriearbeit. Das ist eines ihrer zentralen Merkmale.

Die Industrie aber ist die deutsche Kernidentität.

Kaum jemand denkt daran, dass die Erfolge von Mercedes-Benz, BASF, ThyssenKrupp, Siemens oder Bosch allesamt durch Innovationen und Wissensarbeit, kreatives Problemlösen, entstanden. Im Kopf ist die Fabrikordnung, und so kommt es, dass in den Abendnachrichten weiterhin von der führenden Industrienation die Rede ist. Und wenn der Staat Milliarden in die Hand nimmt, um eine Neuansiedlung zu fördern, dann geht es nie um schlaue kleine Unternehmen oder selbstständige Wissensarbeiter, das wäre viel zu kompliziert. Es muss schon eine Fabrik sein. Die Milliarden und die politischen Verbeugungen vor Tesla und Intel, die im Osten ihre Fabriken mit deutschem Steuergeld hochziehen, zeigen, was wirklich los ist: Zukunft ist für das industrialistische Deutschland die Rückkehr in die alten glorreichen Zeiten. Fortschritt ohne Fließband ist nicht denkbar. Darauf ist alles ausgerichtet.

Der Staatsrechtler Ernst Forsthoff formulierte 1971 die bis heute auch in der Wissenschaft akzeptierte Grundformel des Landes, die auch nach der Wiedervereinigung – oder vielleicht sogar gerade nach dieser – die den meisten unbewusste, aber umso zutreffendere Realverfassung des Landes beschreibt: «Der harte Kern des heutigen sozialen Ganzen ist nicht mehr der Staat, sondern die Industriegesellschaft, und dieser harte Kern ist durch die Stichworte Vollbeschäftigung und Steigerung des Sozialprodukts bezeichnet. Vor diesen Stichworten werden Klassengegensätze (...) gegenstandslos.» Und weiter: «Der Verbund von Staat und Industriegesellschaft ist unlöslich, an ihm hängt das Funktionieren des sozialen Ganzen.»[3]

Das kleine Wörtchen unlöslich hat es in sich. Es heißt, dass Wohl und Wehe des Landes davon abhängig sind, dass es der Industrie gut geht – oder genauer gesagt, dass alle glauben, dass es der Industrie gut gehen muss, damit es dem Land und den Menschen, der Gesellschaft und dem Staat gut ergehen kann.

Diese Schlussfolgerung wird permanent von Parteien und Verbänden wiederholt. Vollbeschäftigung und die Steigerung des Sozialprodukts – zwei elementare Forderungen der Industriegesellschaft – bedeuten dann zwangsläufig ein Beibehalten der industriellen Ordnung und ein Bremsen, zumindest Abschwächen aller sozialen, ökologischen und ökonomischen Transformation. Arbeit an festen Orten, Büro, Fabrik, Amt, das Beibehalten eines – im Kern längst mehr als überholten – Sozialsicherungssystems für Rente und Gesundheit, ein Ausbildungs- und Bildungswesen, das auf die Bedürfnisse der industriellen Produktion abgestimmt ist, auch dort, wo auf den ersten Blick Dienstleistungen und Services gemeint sind, oder der sogenannte Bologna-Prozess an den Hochschulen, der Routinewissen vor selbstständiges Denken stellt, all das spricht Bände.

Die deutsche Industriegesellschaft sagt: Der Staat bin ich. Und was mich bedroht oder infrage stellt, ist staatsfeindlich, umstürzlerisch, wohlstands- und friedensgefährdend. Und genau das ist das Problem, dem sich die kreative Wissensarbeit in Deutschland ausgesetzt sieht. Dagegen helfen gute Worte in Sonntagsreden wenig. Der Widerstand der alten Welt und einer Politik – und auch Bevölkerung –, die sich an die großen alten Zeiten der Industriegesellschaft klammert, ist so groß wie der Schaden, der dadurch entsteht.

«Die Bundesrepublik Deutschland ist gemessen an allen wichtigen Parametern heute kein klassisches Industrieland mehr», stellte der renommierte Wirtschaftshistoriker Werner Plumpe vor dem Hintergrund des 60-jährigen Bestandsjubiläums der Bundesrepublik fest. «Weder werden im industriellen Sektor die meisten Werte geschaffen, noch findet hier ein größerer Teil der Bevölkerung seine Beschäftigung.»[4]

Der Höhepunkt der Entwicklung als Industrienation liegt mehr als sechzig Jahre zurück. Im Jahr 1960 war fast die Hälfte der Bevölkerung in der Industrie beschäftigt, ungefähr so hoch war auch die Wertschöpfung, die damit für die Volkswirtschaft erzielt wurde, rechnet Plumpe vor. «Seit den Siebziger-, besonders seit den Achtzigerjahren waren es zunächst die Dienstleistungen und dann, durch die digitale Revolution in der Breite, die wissensbasierten Tätigkeiten, die am stärksten zunahmen.» Sie passen aber nicht in die Schablonen der alten Verbandswelt und der Parteien, die sich trotz aller wissenschaftlichen Erkenntnisse und einer längst offensichtlichen Realität immer noch in der Illusion wiegen, irgendwie gehe es schon wieder aufwärts mit der guten alten Fleißgesellschaft. Längst ist der Industrialismus zur Kraft geworden, die stets das Gute will und stets das Böse schafft. Das gilt nicht nur für das Anheizen des Weltklimas und einen katastrophal organisierten öffentlichen Verkehr, der dem Autoland geschuldet ist, es gilt auch für das Beharren auf Arbeitszeiten und -formen, die im Widerspruch zu dem stehen, was Wissensarbeitende brauchen, ganz besonders die Wissensarbeiterinnen.

Das Paradox des Gehemmten-Staates ist, dass er sich selbst schadet, am meisten dort, wo er sich krampfhaft schützen will. Denn das Festhalten am Industrialismus, also dem Glaubensbild einer staatstragenden, nein, staatsbildenden Industriegesellschaft, sorgt auch dafür, so denkt Werner Plumpe weiter, dass die Strukturprobleme in einigen Regionen nicht beseitigt werden können.

Wo man schon seit Jahrzehnten die alte Industrie mit enormen Mitteln durchfüttert, in der Hoffnung, alles werde wieder, wie es war, schafft man tatsächlich nur eine Perspektivlosigkeit, die mittlerweile in die dritte Generation geht. Für den «Verlust einfacher Arbeitsplätze im industriellen Sektor» schreibt Plumpe, sei folgerichtig «bis heute kein wirklicher Ersatz gefunden» worden.

Das hat Folgen, auch für die Hochschulen, den Bildungssektor, die Verlage, Medien – sie transformieren

nicht, sondern digitalisieren an den bestehenden Strukturen der Organisation entlang. Der Geist der Digitalisierung, Routinearbeit sollen Maschinen und Algorithmen
machen, ist kulturell längst nicht durch.

Doch ohne kulturelle und soziale Transformation ist
die ökonomische Transformation nicht zu schaffen. Das
Neue setzt sich nur durch, wenn es verstanden und ge-
wollt wird. Da helfen auch die vielen Versuche der Start-
up-Förderung nicht weiter, bei der die Jungunternehmen
gern dazu angehalten werden, die alten Arbeitsformen
und Normen zu übernehmen – sonst sieht es mit der Förderung eben schlecht aus. Das vermeintlich Neue wird
nur gepampert, wenn es sich anständig – also nach alter
Art – benimmt.

Und so kommt es, dass die, die die neue Normalität re-
präsentieren, die kreativen Wissensarbeitenden also, die
im 21. Jahrhundert angekommen sind, in einem Land leben, in dem sie ein Fremdkörper sind. Deutschland, das ist
in der eigenen Kultur und im eigenen Weltverständnis:
Industriearbeit.

Vita Activa

Wer das für übertrieben hält, sollte mal sein Leben ansehen. Wie ist es denn? Was halten wir für «normal»?

Nehmen wir die Einteilung des Tages in drei mal acht
Stunden. Warum ist das so? Ganz einfach: Weil dies die
ideale Einteilung für Arbeitsschichten in der Fabrik ist. Im
vorindustriellen Zeitalter scherte die Drei-mal-acht–Regel
niemanden. Es wurde nach den Bedingungen gearbeitet,
die die Natur vorgab, im Sommer bei gutem Tageslicht
mehr, im Winter der langen Nächte wegen entsprechend
weniger. Doch damit ist keine industrielle Produktion zu
stemmen. Sie braucht Planbarkeit, Zuverlässigkeit, Bere-
chenbarkeit in all ihren Bereichen. Deshalb arbeiten wir
acht Stunden, haben acht Stunden Freizeit und schlafen
weitere acht Stunden, um bei der nächsten Schicht voll
einsatzfähig zu sein. Hauptsache, man bleibt in Bewegung.

Nahezu manisch fand das Hannah Arendt, als sie nach
dem Krieg in ihre alte Heimat zurückkehrte, aus der sie
vor den Nazis geflohen war:

*«Beobachtet man die Deutschen, wie sie geschäftig durch
die Ruinen ihrer tausendjährigen Geschichte stolpern,
dann begreift man, dass die Geschäftigkeit zu ihrer
Hauptwaffe bei der Abwehr der Wirklichkeit geworden
ist.» (1950)*[5]

Wie sehr Arendts Analyse stimmt, erkennt man am Umgang mit jenen, die nicht im Strom mitschwimmen, die andere Ideen haben und die überdies ihre Selbstbestimmung auch beruflich leben wollen: Sie stehen außerhalb dieser Gesellschaft. Das ist anders als in Italien, Spanien und selbst als im staatsfreundlichen Frankreich, es ist erst recht anders als in den Niederlanden, Großbritannien, den USA, Kanada und den skandinavischen Staaten. Die Geschäftigkeit, der deutsche Fleiß, verhindert zuverlässig die Auseinandersetzung mit einer Wirklichkeit, in der Arbeit und Wohlstand nicht mehr durch schieres Anpacken und Mitmachen geschaffen werden, sondern durch Innovationen, Ideen und deren kreative und kluge Umsetzung. Und dabei geht es nicht nur um die Frage, ob man im globalen Wettbewerb noch mitreden darf – was zunehmend weniger der Fall ist. Wer Wissensarbeit, die immer kreative Arbeit ist, ignoriert, der gefährdet seinen Wohlstand.

Und das ist noch nicht das Schlimmste: Wer die Vielfalt der Arbeitsformen, die Selbstbestimmung der Wissensarbeit, die damit zwangsläufig verbundene Veränderung der Hierarchien in Gesellschaft und Organisationen behindert, der behindert nicht nur Wirtschaft, Wohlstand, Entwicklung, sondern auch die Entwicklung einer demokratischen Gesellschaft, der Emanzipation und des persönlichen Fortschritts.

Kreative Wissensarbeit ist eben keine Alternative für Leute, die ungern in Amt und Büro gehen, sondern sozial, kulturell und demokratiepolitisch gleichermaßen die Hoffnung, dass Europa nicht vollständig zu dem Industriemuseum wird, zu dem die Konservativen aller Lager es machen wollen. Packen wir es radikal an, also an der Wurzel, machen wir Inventur.

Wer heute den Fachkräftemangel beklagt, hat nicht verstanden, was diesen Mangel neben dünnen Geburtsjahrgängen noch auslöst: dass immer weniger eine schwere, monotone Routinearbeit machen wollen.

Inventur

Wer sich auf diese Inventur einlässt, merkt, dass hinter dem Gegensatz von Gestörten und Gehemmten mehr steckt als eine Auseinandersetzung zwischen trägen Systemerhaltern und jungen (oder alten) Wilden, die mehr wollen als jeden Tag Routine von 9 bis 5. Diese Inventur muss deshalb erst einmal die Kultur in den Blick nehmen, ganz so, wie es Hannah Arendt in ihrer «Vita Activa» aus dem Jahr 1958 tat: Der Arbeitsgesellschaft, so prophezeite sie darin, werde die «Arbeit ausgehen, und damit die einzige Tätigkeit, auf die sie sich noch versteht».

Die Folgen sind immer deutlicher spürbar. Wer heute den Fachkräftemangel beklagt, hat nicht verstanden, was diesen Mangel neben dünnen Geburtsjahrgängen noch auslöst: dass immer weniger eine schwere, monotone Routinearbeit machen wollen.

Die Wissensgesellschaft braucht ein anderes Konzept von Organisationen, von Kultur, Arbeit und Leistung, von Innovation und Fortschritt, Politik, Teilhabe und Selbstbestimmung als bisher. Begriffe, die wir sorglos benutzen und die für uns ganz normal sind, müssen neu definiert werden. Damit haben wir noch nicht einmal ansatzweise begonnen. Dafür ist es wichtig, klar, nüchtern und pragmatisch vorzugehen. Es ist wichtig, auch empirisches Wissen dort zu sammeln, wo es um Diversität geht. Denn noch wird die – man kann es nicht oft genug sagen – durch die Brille derer gesehen, die Wissensgesellschaft und selbstbestimmte Arbeit ablehnen oder zumindest nicht verstehen. Aus deren Perspektive wirken alle anderen und alles andere als gestört.

Gute Arbeit

Die Beraterin Jule Jankowski startete zu Beginn der Coronapandemie eine bemerkenswerte Podcast-Serie: Good Work, gute Arbeit. Und das ist für sie im Wesentlichen selbstbestimmte Arbeit, die ein selbstbestimmtes Leben möglich macht.

Das ist ein Programm für die Zukunft einer Gesellschaft, in der Arbeit echte Probleme löst und keine Lösungen von der Stange anbietet, die zu nichts anderem führen als zu einem Mehr vom Gleichen. Es geht nicht um eine weitere Stufe in der vom Industrialismus angeheizten Konsumgesellschaft, es geht um eine Welt, in der Arbeit wieder das hat, wonach so viele heute suchen: Sinn. Und damit ist nicht jener wohlfeile Purpose gemeint, den uns Coaches und Lebenshelfer verticken wollen, sondern tatsächlich jener Sinn, den, wie Hannah Arendt schreibt, ein «tätiges Leben stiftet».

Die Gestörten haben sie, ihre Vita Activa. Und es wird Zeit, dass sie ihr Recht verlangen. Denn hier wird eine Unter-Ordnung konserviert, die nicht schützenswert ist und aus der sich viele nicht befreien können, weil sie nicht gelernt haben, wie das geht. Gute Arbeit ist der alten Gesellschaft zu kompliziert, zu irritierend. Theodor Adorno, der genaue Kenner der deutschen Kultur und ihrer Untiefen, notierte in den Vierzigerjahren in seinen Minima Moralia:

Die Transformation von der Welt der Gehemmten hin zur besseren Arbeit der Gestörten ist ein Generationenprojekt.

«Wahrscheinlich wäre für jeden Bürger der falschen Welt eine richtige unerträglich, er wäre zu beschädigt für sie.»

Auch das muss man wissen. Die Transformation von der Welt der Gehemmten hin zur besseren Arbeit der Gestörten ist ein Generationenprojekt. Aus Modernisierungsverlierern macht niemand über Nacht selbstbewusste Gestalter ihres eigenen Lebens. Das muss, nüchtern betrachtet, klar sein.

Keine Rückkehr zur Fabrik.
Nirgends.

Die Gestörten waren natürlich nie die Gestörten. Sie sind die, die man bei ihrer Arbeit, Probleme zu lösen und Neues, Besseres hinzukriegen, **stört.**

Nur: Wer würde das schon zugeben? Ist doch alles nur gut gemeint! Offiziell findet sich kaum jemand, der gegen die Transformation der Organisationen wäre. Dahinter oder darunter sieht es anders aus.

Je mehr über Kreativität geredet wird, desto klarer wird die Störung. Das fiel schon vor Zeiten dem Soziologen Andreas Reckwitz auf, der das dauernde Gerede über Kreativität kritisierte. Die Kreativität sei der steinerne Gast an der Tafel der späten Industriegesellschaft, über den alle reden, der aber nichts sagt, weil er außen vor ist. Die falschen Freunde der Kreativität heucheln also Veränderungsbereitschaft und bemühen sich oberflächlich um die neuen Branchen, um so weitermachen zu können wie bisher. Da kommt es schon mal vor, dass was missverstanden wird.

Falsche Freunde gibt es auch in der Sprachwissenschaft. «False Friends» sind Wörter, die von deutschen Muttersprachlern ihrer Ähnlichkeit mit deutschen Begriffen wegen missverstanden werden. Ein Klassiker ist der Showmaster, den es im Englischen nicht gibt, weil man dort Host zum Gastgeber einer Show sagt. Die Backside von je-

Creative Industries.
Das heißt kreative
Branchen – in
Deutschland wird
es konsequent mit
Kreativindustrie
übersetzt. Wir ahnen,
warum.

manden ist nicht dessen Rückseite, sondern der Hintern, so wie brief und Brief nur dann miteinander zu tun haben, wenn der Letter, der geschrieben wird, kurz und bündig ist. «The devil lies in the detail», hat das Peter Littger in einem seiner Bücher genannt.[6]

Ein berüchtigter False Friend, der es immer wieder auch auf Podien schafft, in denen der Autor dieses Buches mit Verteidigern der industrialistischen Ordnung (gerne heftig) diskutiert, ist: Creative Industries. Das heißt kreative Branchen – in Deutschland wird es konsequent mit Kreativindustrie übersetzt. Wir ahnen, warum. Was aber steckt hinter dem Begriff Creative Industries (CI)?

So richtig auf die deutschsprachige Bühne schafft er es mit dem Aufstieg der Digitalisierung in den Achtzigerjahren. Erst in den USA und Kanada, dann in Großbritannien spielte die Förderung der CI eine große Rolle und gehörte zwischen 1992 und 2010 zu den Prioritäten der neuen Regierungen **Bill Clintons** in den USA und **Tony Blairs** in Großbritannien. England wurde zu Beginn der industriellen Revolution Werkstatt der Welt genannt. Blair griff den Begriff auf und ernannte Großbritannien nun zu einem Design Workshop for the World.

Auch Großbritannien ist ein Kind der Industriegesellschaft. Doch hier startete die Gegenbewegung früher, aus gutem Grund. Die ehemalige Werkstatt der Welt verlor seine Rolle als industrielle Großmacht seit Ende des Zweiten Weltkriegs fast vollständig. Das lag nicht nur daran, dass mit dem Zusammenbruch des Kolonialreiches das Privileg der Rohstoffverarbeitung durch die britische Industrie verloren ging. Noch fataler wirkte sich der Versuch aus, alte Grundindustrien – Kohle in Wales, Stahl in Sheffield und Yorkshire – durch staatliche Intervention am Leben zu erhalten, also dem Muster von Industriepolitik zu folgen, das seit gut 70 Jahren in nahezu allen europäischen Ländern zum Standard gehört.

Versucht wurde vieles. Zum Erhalt nicht mehr profitabler, weil nicht nachgefragter Industrien pushte die britische Regierung (parallel zur französischen) eine eigene Computerindustrie und die Automobil- und Flugzeugproduktion. Doch auf keinem dieser Felder war der Anschluss an die Erfolge der Konkurrenten zu schaffen. In den USA begann die Strukturkrise mit dem Einsetzen der ersten Energiekrise im Jahr 1974 in den Industriezentren des Ostens, Pennsylvania und New Jersey. Dem folgte bald die Dauerkrise der amerikanischen Automobilindustrie im Mittleren Westen rund um Detroit und Chicago.

Es ist kein Zufall, dass der Begründer der mit der kreativen Wissensarbeit vielfach verbundenen New-Work-Bewegung, Frithjof Bergmann, seine Theorie als Professor an der Universität Ann Arbour entwickelte, einer Hochschule, die traditionell eng mit der amerikanischen Autoindustrie verbunden war. Bergmanns Bild von neuer Arbeit entsprach ziemlich genau dem, was schon vor ihm Hannah Arendt in ihrer Vita Activa beschrieben hatte – eine selbstbestimmtere, eigenständigere, bewusstere Form von Tätigkeit als jene, die man als Lohnabhängiger in den Fabriken erleben konnte.

Richard Florida, der Vordenker der Creative Class,

kommt wiederum aus Kanada, das als (bevölkerungsmä-
ßig) eher kleines Land früh auf originäre wissenschaftli-
che und technische Fähigkeiten setzte. Floridas Arbeit hat
viele Verbindungen zum Medientheoretiker Marshall
McLuhan, der ebenfalls in Toronto seine Theorie der digitalen Gesellschaft erdachte und lehrte. Zudem waren die
Auswirkungen der nordamerikanischen Industriekrise,
die zu einer dauerhaften Strukturkrise wurde, auch im
stark mit den USA verflochtenen kanadischen Wirtschafts-
raum zu spüren.

In Deutschland, wir denken an Werner Plumpes Analyse, ging die Bedeutung der Industriearbeit ebenfalls seit
den Siebzigerjahren dramatisch zurück. Andererseits gab
es nach wie vor industrielle Vorzeigeprojekte, die Automobilindustrie vor allen Dingen, die weltweit als Qualitäts-
marktführer galt. Zudem hatte die Maschinenbau- und
Systemindustrie hier frühzeitig diversifiziert. Auch wenn
sich die Politik, die Verbände und Gewerkschaften stets
auf die großen Industrieunternehmen konzentrierten, waren es eher die vielfältigen Klein- und Mittelunternehmen
(KMUs), die als Hidden Champions (ein kulturell vielsa-
gender Begriff übrigens) die Innovation und Wissensviel-
falt absicherten.

Japan wiederum, Asiens stärkste Industrienation, re-
agierte auf den Strukturwandel in den Siebzigerjahren
durch harte dirigistische Maßnahmen, insbesondere die
Stärkung des bereits 1949 eingesetzten Ministeriums für
Internationalen Handel und Industrie (MITI).

Ab Mitte der Siebzigerjahre öffnete sich auch die maoistische Volksrepublik China zusehends für kapitalistische Projekte. Sie gilt noch immer als Werkstatt der Welt, China selbst versteht sich allerdings durchaus als real existierenden Workshop für Creativity and Design. Deutsche Vorzeigeunternehmen wie Zeiss dürfen mit ihren Kameras chinesische Handys verhübschen, der mächtige BBK-Konzern, einer der weltweit größten Smartphonehersteller, lässt namhafte italienische und japanische Designer Handys gestalten. Vor allen Dingen produziert China ungeheure Massen an Wissensarbeitenden. Wissen aus dem Westen wird erst adoptiert, dann imitiert und schließlich adaptiert, also in eigener Art und Weise und originär angewandt. Schon 2010 überschritt die Zahl der Absolventen chinesischer Hochschulen jährlich die Einmillionen-Marke.[7] Eine ähnliche Entwicklung gibt es in Indien und den sogenannten Tigerstaaten in Fernost. Innovationen kommen – als Patente, aber vor allen Dingen als konkrete Produkte und Dienstleistungen – mittlerweile massiv aus diesen Ländern. China ist längst nicht mehr die verlängerte Werkbank westlicher Industrien.

Hierzulande gern beschriebene Projekte wie der Drei-Schluchten-Staudamm, das mit Abstand größte Wasserkraftwerk der Erde, das einen mehr als 600 Kilometer langen Stausee erzeugt, an dessen Ende die 32-Millionenstadt Chongqing liegt, deren Fläche der der Republik Österreich entspricht, suggerieren, dass es um materielle Superlative geht. Tatsächlich ist China seit 1980 auf dem Weg zur Transformation in die Wissensgesellschaft.

Im Jahr 2019 betrugen die Anteile der Wirtschaftssektoren am Bruttoinlandsprodukt (BIP) der Volksrepublik 7,1 Prozent für die Landwirtschaft, 39 Prozent für die Industrieproduktion und 53,9 Prozent für Dienstleistungen und wissensbasierte Services[8], Letztere stark steigend. Die Daten der Weltbank zeigen, wie stark die chinesische Wirtschaft auf die innovative Wissensarbeit setzt. Es ist ein großer Irrtum zu glauben, dass in dem zweifelsohne totalitären politischen System nicht ganz bewusst auch Freiräume für selbstbestimmte und selbstständige Wissensarbeit gewährt würden. Dass der Alibaba-Gründer Jack Ma zu den weltweiten Vorreitern der kreativen Wissensarbeit gehört, ist weder eine Ausnahme noch eine Überraschung, sondern höchst kompatibel zu den Plänen der chinesischen KP. Wissen ist Macht, und ohne Kreativität wird kein Wissen geschaffen. Die Creative Industries haben in China oberste Priorität.

Die Sektorenlüge oder: Warum die Industrie weitgehend zur Wissensgesellschaft geworden ist

Wenn man früher durch Berlin fuhr, gab es entlang der Mauer Schilder: Sie verlassen den westlichen Sektor. Die Grenze war scharf bewacht. In der Wirtschaft sind diese Sektorengrenzen weich wie Butter und manchmal nicht zu sehen. Nur die Statistiker brauchen sie, die Verbände, die Politik, damit sie Schubladen füllen können. Darüber muss man reden, denn auch das verstellt den Blick auf die Welt der kreativen Wissensarbeit und die Zukunft.

Es gibt klassisch drei Sektoren: Landwirtschaft, Industrie und Dienstleistung. Das fördert Gegensätze, wo es längst Verbindungen gibt, die so elementar sind, dass eines ohne das andere nicht existieren könnte.

So wurde die Landwirtschaft durch die Automatisierung völlig verändert. Die Produktivität eines einzelnen Bauern ist in nur 100 Jahren Industriegesellschaft um das 140-Fache gestiegen, industrielle Verfahren, Methoden und Denkschulen haben also Hunger nachhaltig beseitigt.[9] Das ist das Ergebnis von Automatisierung, die wiederum durch Wissensarbeit möglich war. Was lange nur nach Traditionen getan wurde, erfuhr in nur einem Jahrhundert einen Technologieschub sondergleichen. Landwirtschaft heißt Innovation in Chemie, Biologie, Gentechnik, Veterinärmedizin, Maschinen- und Gebäudetechnik, Logistik und Lagerhaltung, Informatik und Marketing.

Als die Sektoreneinteilung erfunden wurde, war das noch nicht so: Bauernhof war Bauernhof, Fabrik Fabrik, und dann gab es noch das Gewerbe und das «Personal», das putzte, bediente, servierte und erledigte. Die Fabriken eines Henry Ford hatten weder technisch noch methodisch noch organisatorisch etwas mit dem Webstuhl-Unternehmer Edmund Cartwright[10] zu tun, jenem Pfarrer und Domherren an der Kathedrale von Lincoln, der mit der Erfindung der Webmaschine Power Loom die industrielle Revolution losgetreten hatte. Die Kraft-Webmaschine, so die direkte Übersetzung von Power Loom ins Deutsche, war eine Vorrichtung, die die Agrargesellschaft veränderte, die aber noch ganz und gar auf deren Bedürfnisse ausgelegt war, auf lokale Arbeitskräfte, die nach dem Muster der Manufaktur tätig wurden. Dagegen stand Henry Fords strikte Organisation jedes Handgriffs nach dem Vorbild des amerikanischen Ingenieurs Frederick Winslow Taylor, durch die die Produktivität – und auch die Löhne – in der Automobilbranche erheblich angehoben wurden. Als Folge entstand ein, wenngleich bescheidener Wohlstand, der Grundlage für mehr Bildung und mehr Ansprüche der nächsten Generation war und der auch Fords Heimatstadt River Rouge in Dearborn/Michigan mit seiner riesigen Ford-Anlage, in der bis zu 100 000 Menschen beschäftigt waren, veränderte.

Die Dienstleistungsbereiche, die wir heute kennen und

die weiterhin im Wachsen sind, beschreiben ebenfalls keineswegs nur die damit traditionell assoziierten Felder,
etwa Gastronomie, Friseure, Maniküre und Botendienste.
Der weit überwiegende Teil des dritten Sektors besteht
heute aus Menschen mit sehr guter Ausbildung, die als
technische oder organisatorische Berater arbeiten, Spezialisten für Vertrieb und Werbung, Kommunikation und
vieles mehr.

Die meisten
Menschen begreifen
nur, wonach man
greifen kann.

Industrie 4.0 – ein Strohmannbegriff

Ungenau, ja unsauber ist auch der Begriff Industrie 4.0, der vor einigen Jahren Furore machte. Was beschreibt er? Die klassische Industriearbeit, also Routinen, Fließbänder und einen Maschinenfuhrpark, oder doch etwas Neues, in dem kreative, wissensbasierte Tätigkeiten geleistet werden? Einen Hinweis liefert die merkwürdige Namensgebung selbst, eine deutsche Schöpfung, die viel über die Haltung zu den Gestörten und zur unbedingten Verteidigung der Bestandskultur zu sagen hat. Oliver Kelkar, Leiter der Abteilung Market Intelligence & Innovation beim Ludwigsburger Beratungsunternehmen MHP, das zum Porsche Konzern gehört, sagte es 2015[11] so: «Das Produkt wird immer mehr zur Software (…) das sagt sich leicht, ist aber immer noch schwer zu denken.» Was der Mann aus dem Herzen der deutschen Industrie damit sagen will: Die meisten Menschen begreifen nur, wonach man greifen kann.

Kelkar hielt die notwendige Transformation 2015 noch für ein Generationenprojekt, und man muss ihm knapp ein Jahrzehnt später zustimmen. Die Kultur bremst in Deutschland den Fortschritt kulturell, politisch und sozial auf Schritttempo herunter. Wir sehen nicht, was längst da ist. Dass sehr viele Führungskräfte aus der Industrie sich und ihr Unternehmen längst als wissensökonomische Einrichtung verstehen, ist kein Wunder. Nicht nur bei Porsche ist die Transformation viel weiter als das Bewusstsein in der breiten Fläche.

In der Industrie hat man frühzeitig erkennen müssen, dass Wissen die wichtigste Ressource ist. Der Automatisierungsgrad in der Automobilindustrie ist enorm, wer heute in eine Autofabrik geht, wird dort etwas ganz anderes sehen als damals in River Rouge bei Henry Ford. Nicht Zigtausende helfende Hände werden entlang der Produktionsstraßen fleißig werkeln, sondern Roboter, Maschinen, Computer, in denen ausgeklügelte Software arbeitet, die längst auch in den Autos weit wichtiger ist als der Motor. Ab und zu finden sich dann doch Menschen, aber nicht wenige davon sind nur noch da, weil die Betriebsleitung mit den Gewerkschaften einen Deal gemacht hat – zum Beispiel, dass es hier und da, sofern die eigentliche Arbeit nicht gestört wird, eben auch noch menschliche Zuträger zu den Maschinen braucht. Das alles ist völlig okay, solange es eine Möglichkeit für die Ex-Arbeiter gibt, sich ohne Existenznöte zu verändern. Das ist das, was die Politik und die Sozialwissenschaftler euphemistisch Strukturwandel nennen, der aber nicht richtig zieht, weil unsere Kultur eine lahme Ente ist.

Doch die Automatisierung macht nicht Pause, nur weil wir nicht weiterwollen. Und wir sollten froh sein, wenn alte Routinearbeit ausstirbt. Karl Marx und Friedrich Engels, auf die sich viele berufen, die heute den Strukturwandel offen oder verdeckt behindern und als neoliberale Erfindung diskreditieren, sollten vielleicht von genau jenen einmal gelesen werden, beispielsweise das durchaus leicht verständliche Kommunistische Manifest aus dem Jahr 1848. Ihm können wir bereits die Kritik an der industriellen Routinearbeit und dem Ohnmachtsgefühl der Arbeitenden entnehmen: Die Proletarier, so schreiben Marx und Engels, seien in den Fabriken «bloßes Zubehör der Maschinen», von denen nur der «einfachste, eintönigste, am leichtesten erlernbare Handgriff verlangt wird», und deren Arbeit «jeden selbständigen Charakter und damit Reiz (…) verloren hat».[12]

Vom Anfang bis zum Ende geht es darum, die Menschen, die Arbeitenden, dazu zu befähigen, etwas zu tun, was eben nicht in stumpfer Routine verläuft, eben nicht ein Leben lang bedeutet, Schraube und Werkstück zu verbinden oder Formulare von einem Stapel auf den nächsten zu stapeln. Es geht darum, dass Arbeit als abwechslungsreich, interessant, erschließend und verbessernd für das eigene Leben empfunden wird, dass Neugierde über Verbesserungen und damit Innovationen an die Stelle der Ermattung treten, die in der industriellen Gesellschaft so kennzeichnend ist für alles, was uns bis heute normal erscheint: Eine Gesellschaft, die den Montag hasst und sich nur im Urlaub wohlfühlt, hat etwas zu tun.

Dabei ist die Industrie längst Wissensökonomie geworden.

Der Begriff meint die digitale, kreative Produktionswirtschaft, in der heute Produkte, Güter und Software hergestellt werden, die immer individualisierter und pro-

blemgerechter sind. Das ist bereits die klassische Definition eines Wissensgutes, das ja Probleme lösen soll, die
personalisiert sind und dadurch divers. Industrie 4.0 ist
also Wissensarbeit 1.0, wie es MHP-Mann Kelkar richtig
sagte. Warum man dann trotzdem von der Industrie 4.0 re-
det? It's the culture, stupid.

Der Begriff wurde ersonnen von den klassischen Institutionen in Deutschland – die Bundesregierung, der Bund der
Deutschen Industrie BDI, der Technikförderverein Aca-
tech, der Verband Deutscher Maschinen- und Anlagen-
bauer VDMA und eine Reihe weiterer Branchenvertreter,
Lobbyisten und korporatistischer Organisationen. Industrie 4.0 heißt so, weil die Kommission, die diesen Namen
gefunden hat, meinte, dass irgendwas mit Wissen oder Di-
gitalem die Leute nur verstört hätte. Industrie, das kennt
man, das ist solide, das steht, wie wir schon wissen, für
Vollbeschäftigung und eine Wachstumsgesellschaft alten
Schlages. Da gibt es nichts, was stört. Deshalb begeht man,
wie so oft, kollektiven Etikettenschwindel. Sicherheit,
Kontinuität, keine Brüche. Ein bisschen digitalisieren, das
Fehlen von fast 70 000 IT-Spezialisten m/w/d[13] beklagen –
nur die Spitze des Eisbergs –, aber die Kultur und das
Branding auf gar keinen Fall verändern. Gestört ist, was
neu ist, denn das stört unsere schönen Routinen. Deshalb
heißt es Industrie 4.0. So einfach ist es. So schädlich.

Der T-Systems-Manager Reinhard Clemens, der zwischen
2007 und 2018 im Vorstand der Deutschen Telekom AG

Wir schauen in die
falsche Richtung,
rückwärts, und
laufen nach vorn.
Kein Wunder, wenn
wir ständig an unsere
Grenzen stoßen.

war und als CEO bis 2018 den Konzernbereich T-Systems führte, brachte es auf einer Tagung des Vereins Deutscher Ingenieure VDI in Düsseldorf im Jahr 2015 auf den Punkt: «Im Wesentlichen haben wir nichts hinbekommen – die erste Halbzeit der Digitalisierung haben wir verloren.» Was Industrie 4.0 angehe, so Clemens' scharfe Analyse, liefen vor allen Dingen die Gremien und Arbeitskreise gut. Die Bürokratie also, die jeden Fortschritt planiert – was wörtlich übersetzt: flach machen heißt.

Industrie 4.0 ist von oben verordnet, ein Framing, damit alles so bleiben kann, wie es ist, aber trotzdem niemand behaupten kann, dass man nix tut in Politik, Konzernen, Verbänden und altem Deutschland. Rüberretten heißt das.

Vielleicht sollte man lieber darauf achten, wo Wissensarbeit längst erfolgreich betrieben wird, also auf all jene Branchen, in denen Kreativität im Dauerbetrieb benötigt wird, weil sie ohne ein hohes Maß an Innovation nicht vorankommen: die Informationstechnologie, die Robotik, aber auch neue Dienstleistungs- und Serviceberufe, Medizin und Pharma, alle MINT–Fächer, geistes- und sozialwissenschaftliche Berufsbilder, Kommunikations- und Medienarbeit, die Unterhaltungsindustrie, die Touristik und die mit ihr engstens verwobenen Felder der Logistik und des globalen Transportwesens. Alle, ausnahmslos alle wohlstandssichernden Schlüsselbranchen werden seit den Neunzigerjahren zu den CI gezählt – und nein, eben nicht zu den kreativen Industrien, sondern zu den kreativen Branchen.

Es gibt heute vor allem deshalb noch Produktion in Deutschland, weil es Unternehmen gibt, die wissen, was sie wissen – und deshalb Innovation und Forschung, Entwicklung und damit der kreativen Wissensarbeit den Vorrang gegeben haben. Industrie ist das Mündel, Wissen der Vormund. Aber der False Friend, der Übersetzungsfehler, ist zum Denkfehler geworden. Wir schauen in die falsche Richtung, rückwärts, und laufen nach vorn. Kein Wunder, wenn wir ständig an unsere Grenzen stoßen.

Disruption oder: Keine Überraschung

Die meisten Fabriken, auch das wiederholen wir gern, bis es sitzt, sind automatisierte, auf Wissensarbeit basierende Produktionssysteme. In den Gängen der großen Autofabriken begegnen uns nur noch gelegentlich Menschen, die Wartungs- und Kontrollarbeiten durchführen. Die Proletarier der modernen Fabriken sind die Roboter von Kuka, ABB oder Trumpf. Die Revolution in diesen Unternehmen ist eine permanente Evolution. In täglichen kleinen Schritten, wie sie Karl Popper als Merkmal einer lernenden, «Offenen Gesellschaft»[14] des Wissens im 21. Jahrhundert vorhersah, entwickelt sich eine Maschine, eine Methode, ein Algorithmus ständig weiter. Das alles geschieht selbstverständlich auch in Deutschland, aber es kann hier gleichzeitig jederzeit passieren, dass dieselben Manager, die diese Entwicklung in der Praxis begleiten und fördern, empört aufstöhnen, wenn man vom Ende der Industriegesellschaft spricht. Wissen wir, was wir wissen? Wir wissen oft noch nicht mal, was wir tun.

Wer immer nur nach linearen Mustern sucht, übersieht die viel wichtigeren Paradoxien, die die Entwicklung kennzeichnen. Der große Ökonom Joseph Schumpeter hat in seinen Arbeiten – auch jener rund um die berühmte schöpferische Zerstörung der Kreativität – genau diese

Jedes erfolgreiche System menschlicher Herkunft trägt die Ursachen seines Untergangs in sich, setzt gleichsam aber auch die Voraussetzung für die Geburt des Neuen. Das ist Evolution, und die ist keine Störung, sondern das Betriebssystem der Welt.

Paradoxien betont und darauf hingewiesen, dass man sie anstelle der vermeintlich logischen und folgerichtigen Fortschreibung einer Entwicklung sehen muss. Neuere Autoren haben zum selben Vorgang den Begriff der Disruption[15] (Clayton Christensen) oder des Schwarzen Schwans[16] (Nassim Nicholas Taleb) geprägt. Etwas Normales wird durch etwas Neues, das der Natur nach überraschend ist, abgelöst – wie etwa die klassische Fotografie und Kameratechnik durch digitale Systeme.

Schumpeters Verdienst besteht darin, das verstanden zu haben. Jedes erfolgreiche System menschlicher Herkunft trägt die Ursachen seines Untergangs in sich, setzt gleichsam aber auch die Voraussetzung für die Geburt des Neuen. Das ist Evolution, und die ist keine Störung, sondern das Betriebssystem der Welt.

Wissens-Qualität. Was das ist.

Dass Wissensarbeit die Industriearbeit ablösen wird, haben bereits die Denker des 19. Jahrhunderts erkannt und verstanden. Der Sinn der Massenproduktion kann nicht in mehr Massenproduktion, also mehr Quantität, liegen, sondern nur in einer Steigerung von Qualität. Doch Qualität meint nicht nur die Beschaffenheit, die Güte einer Ware oder Dienstleistung, sondern vor allen Dingen auch, was sie mit ihren Erzeugern und Nutzern (Kunden) macht. Wissensarbeit dient der höheren Qualität, sowohl der Arbeit als auch des Lebens wie auch der Dinge und Ideen, die wir in diesem Leben hervorbringen. Industriearbeit dient der Grundversorgung, dem Fundament der Existenz, während Wissensarbeit das Niveau dieser Existenz erhöht. Kreative Wissensarbeit ist also, wenn dieser Begriff überhaupt einen Sinn ergibt, jenes Weltverbessern, von dem heute so oft die Rede ist.

Der österreichisch-amerikanische Managementtheoretiker Peter Drucker gehört zu den wirkmächtigsten Vordenkern der Wissensgesellschaft. Seine Kerndefinition ist leicht zu verstehen: Wissensarbeitende wissen selbst am besten Bescheid über ihre Arbeit. Der Chef, der Manager, die Führungskraft also, hat vor allem die Aufgabe, den bestmöglichen Rahmen zu setzen.

Dieser Ausgangspunkt ist enorm hilfreich, um die Ge-

störten, also die kreative Klasse zu definieren, klarzuma-
chen, was sie auch von dem alten Arbeits- und Gesellschaftsbild unterscheidet – und was ihr Werkzeug – die
Kreativität – und ihre zentrale Ressource – das Wissen –
ist.

- Kreativität und Wissensarbeit bauen auf dem Kapital auf, das die Menschen selbst haben. Wissen ist
  persönlich.
- **Kreativität und Wissensarbeit lassen sich nicht
  mehr von oben nach unten delegieren.** Sie werden von Spezialistinnen und Spezialisten gemacht,
  die miteinander kooperieren und ihr Wissen teilen, um dessen Potenziale zu erhöhen. Ihr wich-
  tigstes Produktionsmittel ist ihr Talent und ihr
  persönliches Können (Know-how). Sie sind deshalb weder durch «AI noch durch Maschinen
  ersetzbar».[17]
- **Kreativität und Wissensarbeit unterscheiden
  sich von Routinearbeit.** Creare, der Stamm von
  kreativ, bedeutet: etwas entstehen lassen. Kreativität ist also eine gestaltende, jeweils bewusst hervor-
  gebrachte Tätigkeit mit der Absicht der Veränderung. Wo kreative Wissensarbeit normal ist, bedarf
  es auch keiner gesellschaftlichen Sonderschichten,
  die wir Reform oder Transformation nennen, weil
  sich die Entwicklung kontinuierlich vollzieht, evo-
  lutionär, nicht revolutionär.
- **Routinetätigkeiten mit sicheren Ergebnissen**

sind out. Aus einer repräsentativen Umfrage des Beratungsunternehmens Hays aus dem Jahr 2017 geht hervor, dass die Mehrheit der Führungskräfte in deutschen Unternehmen der Wissensarbeit eine «herausgehobene Bedeutung für das Unternehmen» zubilligen und sie «stärker fördern» als andere Tätigkeiten. Das zeigt eine Trendwende an; es scheint den Führungskräften zunehmend klar zu sein, dass sich ihre Organisationen nicht mehr allein mit bewährten Routinetätigkeiten entwickeln können.

– **Kreativität und Wissensarbeit bedürfen großer Freiräume, hoher Selbstbestimmung, Selbstverantwortung und Selbstorganisation**, ganz gleich, ob sie freiberuflich oder in Organisationen ausgeübt werden. In Organisationen müssen sich die Strukturen, die aus dem Industrialismus kommen, dringend und nachhaltig verändern, damit sie eine möglichst produktive kreative Arbeit ermöglichen.

– **Kreative Wissensarbeitende stören Organisationen und bilden Netzwerke.** Statt hierarchischer Strukturen mit festen Rahmen und Zeiten, Orten und Prozessen braucht Wissensarbeit ein hohes Maß an selbst gestaltbaren Freiräumen. Deshalb spielen Netzwerke eine so große Rolle in der Diskussion um kreative Arbeit. Sie sind eher projektorientiert, weniger statisch und erlauben und fördern unterschiedliche, wechselnde Zusammensetzungen. Sie können nach Bedarf gebildet, ergänzt und wieder aufgelöst werden. Dass das Bedürfnis danach bei den Gestörten sehr hoch ist, kann man wieder aus den Ergebnissen einer Hays-Studie von 2017[18] ablesen: 85 Prozent der befragten Wissensarbeiter sagen, dass für sie die Vernetzung und Zusammenarbeit über die Abteilungsgrenzen hinaus wichtig ist. Und 67 Prozent sagen sogar, dass sie über die Unternehmensgrenzen hinaus wichtig ist. Wissen wird wertvoll, wenn es geteilt wird – nicht unter Verschluss gehalten.

- **Kreative Wissensarbeit ist nicht statisch.** Sie bedarf kontinuierlicher Fortentwicklung. Hier haben wir es, das berühmte lebenslange Lernen, das nichts anderes bedeutet als den Ausstieg aus der Routinearbeit. 79 Prozent der befragten Wissensarbeitenden aus der Hays-Studie betonen, wie wichtig es für sie ist, fortlaufend neue Kompetenzen zu erwerben.

- **Kreative Wissensarbeit löst Probleme und verwaltet sie nicht.** Deshalb ist der Begriff nicht an eine höhere schulische oder akademische Ausbildung gebunden, sondern an das jeweilige Ziel der Tätigkeit. Dabei erübrigt sich auch eine Diskussion über den Sinn von Arbeit (Purpose), weil dieser Sinn erst die Arbeit erzeugt. Er ist Voraussetzung für das, was getan wird, und keine Legitimation für eine (ungeliebte) Tätigkeit. Es geht also beim Begriff der Wissensarbeit ganz entscheidend um das Wesen von Arbeit. Selbstbestimmte Arbeit ist eine, bei der der wesentliche Teil der Tätigkeiten durch die Person, die sie durchführt, entschieden wird, wobei sie weitgehend freie Hand hat. Selbstständigkeit im Denken und Handeln ist ein Wesensmerkmal aller kreativen Wissensarbeit. Das gilt auch für die Befragten der Hays-Studie, wo mit 69 Prozent eine deutliche Mehrheit sagt, dass ihre Arbeit nur durch viel eigenen, selbstbestimmten Gestaltungsspielraum möglich ist.

– **Kreativität ist keine Nische.** Dass Creative Industries nichts mit Industrie zu tun hat, wissen wir schon. Dass die Kreativwirtschaft aber nicht nur aus Unternehmen der Veranstaltungsbranche, Kunst, der Musik- und Sprechtheater sowie anderer künstlerischer Bereiche sowie der Werbeszene besteht, kann man nicht oft genug betonen. Auch Handwerk ist kreative Wirtschaft. Das alte Künstler- und Genieklischee hat mit Wissensarbeit wenig zu tun, es dient vor allem der Pflege von Vorurteilen. Das neue Normal im Zeitalter digitaler Automatisierung ist die personalisierte, mit Knowhow ausgeführte, individuelle und kreative Wissensarbeit. Künstler zu sein, ist nichts Besonderes mehr in einer Welt, in der nun alle aufgefordert sind, ihr abstraktes Denken zu schulen. So wie Andy Warhols (lange verlachte) Prognose einer Zukunft, in der «jeder für 15 Minuten berühmt ist», durch die neuen sozialen Medien wahr geworden ist, so stimmt auch die Einschätzung, dass Kunst keine elitäre, sich der Welt der Produktion und Wirtschaft entziehende Tätigkeit mehr ist, sondern mitten im Leben steht – im Sinne von Kunst als Können und als Rahmen dessen, was man persönliches Wissen nennt.

– **Der Kern aller Wissensarbeit ist, Dinge und Sachverhalte, die man in der physischen Welt nicht einfach und im Wortsinn begreifen kann, verständlich und zugänglich zu machen.** Wissensarbeit erschließt Komplexität und Vielfalt, statt sie zu reduzieren.

– **Kreativität bedeutet Diversität im Denken.** «Diversity is a resource, not a handicap», sagte die amerikanische Kulturanthropologin Margaret Mead.

Führung, Leadership, will helfen, die Fähigkeiten und Talente der Menschen zu entfalten. Management hingegen versteht sich, bewusst und vielfach unbewusst, als Kontrolleinrichtung.

Management. Das Militärregime des Industrialismus

Transformation und schöpferische Zerstörung können ihr Werk erst tun, wenn Inventur gemacht ist, wenn analysiert wurde, was ist, wo es herkommt, was daran falsch ist – und was richtig.

Kaum etwas eignet sich für eine harte Inventur so sehr wie das, was dem Management, der Führung der Industriegesellschaft, wichtig ist. Führung, Leadership, will helfen, die Fähigkeiten und Talente der Menschen zu entfalten. Management hingegen versteht sich, bewusst und vielfach unbewusst, als Kontrolleinrichtung, als Herrschaftsinstrument, in dem mal befohlen, mal manipuliert wird, damit Menschen tun, was sie sollen, und nicht, was sie eigentlich wollen.

Was die Gestörten wollen, das widerspricht den festen Traditionen des Chefseins, des Control and Command, das der Managementtheoretiker Henri Fayol entwickelte und das bis heute als Fundament vieler Managementideen fortlebt. Fayol fasst in 14 «Prinzipien des Managements»[19] zusammen, was in der Führung großer Organisationen unerlässlich ist. Es ist das Evangelium der Gehemmten, in dem es ausschließlich um die Wahrung des Ist-Zustands geht. Für jede Innovation, jede schöpferische Zerstörung ist dieses System völlig ungeeignet, es ist geradezu der Todfeind jeder Erneuerung. Das ist kein Zufall: Fayol schrieb seine Prinzipien im Ersten Weltkrieg, 1916.

Er orientierte sich dabei an den Arbeiten des amerikanischen Ingenieurs Frederick Winslow Taylor, dem Erfinder des sogenannten Scientific Managements. Dessen Ziel war es, Menschen in industriellen Produktionsprozessen (und der dazugehörigen Verwaltung, also dem Management) jeden Gedanken, jede Bewegung, jede Regung vorzugeben. Der Unterschied zwischen der präzisen Maschine, die widerspruchslos erledigt, was man ihr vorgibt, und den fehlerhaften Menschen muss beseitigt werden, jeder Handgriff muss sitzen. Taylor folgt damit der mechanistischen Logik des Industriezeitalters. Der Mensch in der Fabrik ist nichts weiter als ein Maschinenteil, das noch nicht erfunden ist. Früher oder später wird er durch dieses Teil ersetzt, das ist Automatisierung. Bis es so weit ist, muss alles geschehen, damit der Mensch möglichst fehlerfrei funktioniert, dafür braucht es engste Schablonen, strengste Kontrolle, rigoroses Kommando und eine umfassende Konditionierung. Auswendiglernen ist entscheidend. Wer selber denkt oder gar handelt, ist für die Betriebsabläufe eine tödliche Bedrohung.

Fayol saugt Taylor auf und bastelt sich aus den Grundlagen dieses menschenverachtenden Blicks auf die Organisation seine Führungstheorie. Er glaubt, dass Taylors Vision nur klappen kann, wenn sie mit äußerster, also militärischer Disziplin durchgeführt wird. Autoritäres Denken, die Grundlage des zu Zeiten Fayols aufblühenden Faschismus und Kommunismus, zieht sich wie ein roter Faden durch seine Thesen. «Autorität ist das Recht zu befehlen», schreibt er, «Disziplin ist die Befolgung der Regeln» und «das Unternehmen hat Vorrang vor den Einzelinteressen der Leitung und der Mitarbeiter». Der Betriebsführer befiehlt, wir folgen – das ist die Devise.

Die Gehemmten, die dabei herauskommen, sind also, wenigstens als Teil des Managements, nicht nur einfach arme, unkreative Trottel, sondern eine echte Bedrohung eines offenen und demokratischen Menschenbildes. Gerade in Deutschland sollte man das aufgrund einschlägiger Erfahrungen gelernt haben. Der Prototyp des Massenmörders ist nicht der leicht erkennbare Schlächter, sondern der harmlos wirkende Schreibtischtäter, der, der die Befehle ausführt und weiterträgt – Hannah Arendts Analyse trifft eben nicht nur auf den «Endlösungs-Bürokraten» Adolf Eichmann zu, sondern auf Millionen seiner Gesinnungsgenossen. Wie die wurden, was sie sind, muss man wissen wollen, um zu verstehen, was die Gestörten gerade nicht reproduzieren dürfen, wenn sie menschengerechtere, innovativere und leistungsfähigere Organisationen als heute schaffen wollen. Denn nur so ist zu schaffen, was salopp gern eine bessere Welt genannt wird, in der es nicht um Kommando und Kontrolle geht, sondern um Eigenverantwortung, Neugierde und jener Selbstwirksamkeit, die jede und jeden sagen lässt: Wir schaffen das. Genauer: Wir schaffen das auch ohne Befehl, Kommando, Druck und Gewalt.

Sehen wir uns aber vorher an, was die Welt der Gehemmten so entscheidend konstruiert hat. Dafür bedarf es nicht unbedingt der 14 Prinzipien des Managements, wie

Henri Fayol sein Evangelium genannt hat – aber sie fassen wie kaum ein anderes Dokument das alte industrialistische Denken zusammen, das auch mehr als hundert Jahre später immer noch den Weg zur kreativen Wissensgesellschaft blockiert.

Fayol, überzeugter Militarist, ist in der deutschen Managementtheorie auf fruchtbaren Boden gefallen – viele Lehrbücher bauen ganz selbstverständlich auf den folgenden Thesen der 14 Prinzipien direkt und indirekt auf. Fayols eigene Definition der Prinzipien ist hier (in verkürzter Form) kursiv gesetzt. Was sie praktisch bedeutet, habe ich ergänzt:

1 Arbeitsteiligkeit

Aufgaben und Projekte werden so unter der Mannschaft verteilt, dass sie in verschiedenen Teams abgearbeitet werden können. Das Team ist deshalb von Vorteil, weil durch den Ausfall einer Person (Krankheit, Tod, Unfall) kein Stocken der Produktion eintritt. Es gibt immer eine Reserve, eine menschliche Sicherheitskopie, die bei unerwarteten Ereignissen zum Tragen kommt.

2 Autorität

Das entspricht dem militärischen Kommando. Der (jeweilige) Vorgesetzte, der Chef, hat auch dann recht, wenn er falschliegt, u*nd es gibt kein Recht darauf, diese Autorität zu bezweifeln,* weil dies dazu führt, dass die Produktion und ihre angestrebten Ergebnisse darunter leiden.

3 Disziplin

Disziplin bedeutet, dass alles, was getan wird, streng nach Vorschrift getan wird. Das gilt für einzelne Arbeitsschritte – wie sie von Fayols Zeit- und Gesinnungsgenossen Frederick Winslow Taylor in seinem Scientific Management präzise festgelegt wurden – bis hin zu einer strikten Einteilung von Arbeitszeit und Kraft. Disziplin meint ausdrücklich nicht, was Peter Drucker später als Zusammenhang zwischen Wald und Bäumen formulierte, also als Wissen darüber, was die eigene Tätigkeit ist und wozu das ganze Werk führt. Es geht darum, das zu tun, was einem als richtig erklärt wurde. Nichts darüber hinaus.

4 Führungseinheit

Alles, was getan wird und getan werden muss, wird von *einem* Vorgesetzten angeordnet. Das entspricht ebenfalls den militärischen Kommandostrukturen, wo der jeweilige Offizier oder Vorgesetzte den jeweils niedrigeren Chargen den Befehl weiterreicht – «hundert Mann und ein Befehl» also, was im Verbund mit den bereits genannten Prinzipien selbstständige und selbstbestimmte Arbeit weitgehend ausschließt.

5 Die Lenkeinheit

Darunter versteht man eines der wichtigsten industriellen Grundkonzepte, das der Einheit. Alles muss sich ein- und unterordnen, was nicht passt, wird passend gemacht. Dabei folgt Fayol dem Scientific-Management-Prinzip Taylors sehr eng. Die Lenkeinheit findet sich in den populären Konzepten der Planwirtschaft, im Faschismus und Kommunismus wieder.

6 Unterordnung

Die logische Konsequenz daraus ist die Ächtung aller individuellen Regungen, wie sie für kreative Arbeit charakteristisch sind. Individuelle und persönliche Ziele sind verpönt, gelten als egoistisch und sind zu bestrafen. Die Lenkeinheit entspricht, wie schon andere Ebenen vorher, dem Führerprinzip und ist von Natur aus totalitär, weil es jede Form von Vielheit (Diversity) ausschließt. Es ist also nicht nur nicht erwünscht, dass eigene Lösungen erkannt werden, sondern sie werden dezidiert als Störung und Gefährdung des Gesamtmanövers gesehen. In der Produktion wird ein Verstoß gegen die Einheit mit sozialer Ächtung und Entlassung geahndet, beim Militär mit dem Standrecht und in der Gesellschaft durch Ausschluss und Mobbing. In Ländern mit einem starken kollektivistischen Kulturelement wie Deutschland ist der Begriff der Einheit immer positiv besetzt. Zwar gilt im Grundgesetz die Regel Gleiches gleich, Ungleiches ungleich, das gar nicht so heimliche Staatsziel ist aber: alle ziehen an einem Strang. Unterschiedlichkeit gilt als asozial, die Gemeinschaft steht immer über den Interessen der Person. Dass das totalitäre Kollektive fördert, die sich als solche auch gegen Veränderungen aller Art wehren, liegt auf der Hand.

7 Vergütung

Ein wichtiges Prinzip Fayols ist es, einen angemessenen Lohn zu finden. Was vage klingt, wird einfach und nachvollziehbar definiert. Der Lohn darf nie so hoch sein, dass er dem Empfänger Autonomie und Selbstbestimmung, Unabhängigkeit und damit die Möglichkeit der freien Entscheidung, wann und wo er arbeitet, einräumt. Der Lohn muss dosiert werden, um das Abhängigkeitsverhältnis so eng wie möglich zu halten. Motivation ist nach diesem industriellen Prinzip die permanente, allgegenwärtige Androhung der Existenzvernichtung, wenn die anderen Prinzipien nicht eingehalten werden. Es handelt sich also um klassische Erpressung: Ohne Lohn keine Existenz für sich und seine Angehörigen.

8 Zentralisierung

So wie die Einheit, die Gleichmacherei, ein wichtiges industrielles Management- und Kulturprinzip ist, ist die Zentralisierung ein entscheidendes Instrument, um Befehls- und Kontrollketten effizient zu gestalten. An diesem einen Punkt wird sich Fayol später etwas relativierend äußern, weil erkennbar wird, dass die zentralistische Plan- und Kommandowirtschaft in einer höher spezialisierten Organisation deutlich mehr Schaden als Nutzen stiftet. Anders gesagt: Die Tatsache, dass die Wissensarbeiter (Spezialisten) mehr über ihre Arbeit wissen als ihr Chef, um mit Drucker zu reden, ist nicht mehr zu verheimlichen. Wer dennoch anders handelt und nicht auch dezentrale Entscheidungen treffen lässt (Delegationsprinzip), scheitert kläglich. Dabei wird allerdings das Delegationsprinzip so angelegt, dass es eine Kopie der alten Zentralwirtschaft ist. Damit wird – siehe Führung – die Kommandostruktur wieder vereinheitlicht – nach dem Motto «Getrennt marschieren, gemeinsam schlagen», wobei schlagen für das zentral ausgegebene Unternehmensziel steht.

9 Hierarchie

Autorität läuft von oben nach unten, davon ist Fayol überzeugt. Seine Organisation ist straff vertikal ausgerichtet, die berühmte Stufenpyramide also, die wir auch heute noch in den meisten Unternehmen antreffen – auch wenn das vordergründig durch einen lockereren Sprachstil verdeckt wird. Selbstbestimmung ist in solchen Systemen nicht vorgesehen.

10 Auftrag

Damit beschreibt Fayol, dass die nötigen Ressourcen und Werkzeuge, Maschinen, Prozesse und andere Betriebsmittel *zur richtigen Zeit am richtigen Ort sein müssen*. Es ist interessant, dass dies in den 14 Prinzipien das erste ist, das sich inhaltlich mit der Produktion und ihrer Prozesse und Logistik auseinandersetzt, während die bisherigen Prinzipien allesamt die Kommando- und Kontrollsysteme zum Inhalt hatten – also das System der Macht, die ausgeübt wird.

11 Respekt

Alle Menschen verdienen den gleichen Respekt – das ist die mit Abstand am meisten zitierte Formel aus Fayols Prinzipien. Das hat einen guten Grund: Während die autoritären Machtregeln klar zeigen, dass es um Unterwerfung und Manipulation der Mitarbeitenden geht, wird dieser scheinbar menschenfreundliche Aspekt bis heute auch in der Managementlehre nach vorne gestellt. Zu Unrecht übrigens. Denn die angebliche Menschenfreundlichkeit ist nach reinem, kaltem Interesse der Betriebsleitung ausgelegt. Die Gleichheit unter den Mitarbeiterinnen und Mitarbeitern soll nur soziale und persönliche Konflikte entschärfen, die durch Widersprüche und das an vielen Stellen vom Management geschürte Konkurrenzverhältnis entstehen. Respekt heißt dann nichts weiter als Ruhepflicht, das Recht, den Mund zu halten und weiterzuarbeiten.

12 Stabilität

Hier meint Fayol vor allen Dingen die Langlebigkeit der Betriebszugehörigkeit, idealerweise ein Arbeitsleben lang. Dadurch sollen Um- und Neuschulungen sowie das zeit- und kostenintensive Suchen nach Arbeitskräften umgangen werden.

13 Initiative

Alle Mitglieder der Betriebsgemeinschaft sind aufgefordert, Besseres vorzuschlagen, wenn es ihnen auffällt – und diese Verbesserungen durch das Management bewerten zu lassen. Das klingt basisdemokratisch und gut. In der Praxis aber bedeutet es selten mehr als das japanische Kaizen-Prinzip, das von Eiji Toyoda in seinen Automobilfabriken als Umsetzung des 13. Fayolschen Prinzips angewandt wurde. Toyoda hatte erkannt, dass damit Fehler reduziert werden können. Deshalb kann jeder Mitarbeitende jederzeit einem Vorgesetzten Meldung machen, wenn etwas nicht stimmt. Das darf man sich allerdings nicht als Mitbestimmung vorstellen, sondern als Meldepflicht – ganz so wie Soldaten im Schützengraben selbstverständlich Bewegungen beim Feind ihrem Vorgesetzten melden müssen. Initiative ist nur gestattet und erwünscht, wenn sie die vom Management vorgegebene Autorität und Einheit, Planung und Hierarchie nicht infrage stellt, sondern stärkt.

14 Teamgeist
Das wahrscheinlich am meisten zitierte Fayolsche Prinzip. Fayol hat den Begriff des Teams – wie in seinem ersten Prinzip der Arbeitsteiligkeit beschrieben – hochgehalten: Alle sollen an einem Strang ziehen. Team bedeutet für ihn Mannschaft, also eine Truppe, in der jede und jeder bereit ist, sich für die höheren Ziele der Firma aufzuopfern und jedwede persönliche Regung hintanstellt. «Wir sitzen alle in einem Boot», lautet Fayols Formel der Betriebsgemeinschaft. Wer am Unterdeck und Oberdeck werkt, wer Kommandos erteilt und welche empfängt, das wird dabei unterschlagen.

Es ist die Fortsetzung der alten Welt mit scheinbar neuen Mitteln. Machen wir dem ein Ende.

Wissen als solches

Wir lernen gerade, die Wohlstands- und Konsumgesellschaft, kritisch zu sehen: immer mehr vom Gleichen. Es ist wie in dem alten Witz von Woody Allen mit den zwei uralten Damen, die ihren Urlaub seit Jahrzehnten in einem Hotel mit Vollpension in den Catskills bei New York verbringen. Da beschwert sich die eine: «Wissen Sie, ich finde das Essen hier einfach katastrophal!» Sagt die andere: «Ja, stimmt, und die winzigen Portionen!»[20] Das ist symptomatisch: Wir beklagen uns über die schlechte Qualität dessen, was geboten wird, darüber, dass sich in Arbeit und Leben nichts ändert – aber wir fordern ständig mehr davon. Wegen der Gerechtigkeit. Oder aus Bequemlichkeit.

Die große Systemstörung, die die Gestörten vornehmen müssen, ist also, die Kultur dieser stupiden Genügsamkeit zu überwinden. Die Freude an der Menge ist ein Überbleibsel aus alten Tagen des Mangels, des «Reichs der Notwendigkeiten», wie Karl Marx es nannte. Aber in weiten Teilen sind diese Zeiten überwunden. Wir leben im Überfluss. Nur nutzen wir ihn nicht dazu, auf seiner Grundlage und ohne Not Besseres zu errichten – eine Arbeit, die uns entspricht, Organisationen, die nicht nur auf ihren Erhalt, sondern auf menschlichen, sozialen, kulturellen und selbstverständlich auch technischen Fortschritt abzielen.

Eine Folge davon ist, dass wir die Informations- mit der

Wissensgesellschaft verwechseln, also Quantität mit Qualität. Wir «ertrinken in Information und hungern nach Wissen», hat der amerikanische Zukunftsforscher John Naisbitt einmal treffend formuliert. Informationen sind klassische Massenware, ein Rohstoff, der an und für sich keinen Zweck erfüllt, wenn er nicht weiterverarbeitet wird. Die Industriegesellschaft war fantastisch in der Bereitstellung von Rohstoffen, von Grundmaterial, aber sie hat es nur unzulänglich geschafft, daraus ein Finalprodukt, Wissen zu machen.

Es gibt reproduzierbares Wissen, also all jene Informationen, die systematisch geordnet etwa als Schulwissen oder in einem Handbuch zusammengefasst werden. Dieses Wissen ist eine Art Grundlage für das, was relevant ist, wenn es um Innovationen und Problemlösungen geht. Standard- oder Schulwissen ist eher eine Information, die durch praktische, persönliche Anwendung echtes Wissen wird, also zu etwas, was Probleme löst oder sie zumindest als solche erkennbar macht. Dieses angewandte Wissen ist viel stärker an die Person und ihre Erfahrung gebunden.

Das ist keine sehr komplexe und abgehobene Angelegenheit, jede und jeder hat dazu seine eigenen Erfahrungen gemacht. Spätestens mit dem Eintritt in den Beruf lernen wir, dass das, was die Schule uns angeboten hat, durchaus nützlich ist, aber nicht mehr als eine Grundlage. Nichts Besonderes, werden jetzt einige sagen, und sie haben recht – wenigstens ein wenig. Denn obwohl immer schon zwischen Schul- und Praxiswissen unterschieden wurde, lagen die Prioritäten in der Industriegesellschaft

Alternativlosigkeit ist Hoffnungslosigkeit, wenn es um Innovation und Transformation geht. Vielfalt im Wissen findet immer mehr als einen Weg aus dem Dilemma.

eindeutig bei ersterem. Das hat einfache Gründe: Wo die Arbeitsteiligkeit die wichtigste Voraussetzung für den Erfolg ist, braucht man Menschen mit einer berechenbaren Ausbildung. Sie müssen etwas verlässlich können, und je normierter und standardisierter die Arbeitsorganisation wird, desto verlässlicher – und damit auch enger – ist das, was man von ihnen verlangt. Die Wissensgesellschaft verändert die Prioritäten. Das Werkzeug, unser Kopf, soll neue Perspektiven eröffnen, Vielfalt und Diversität hervorbringen. Es ist geradezu entscheidend, dass auf eine Problemlage mehr als eine Antwort gegeben wird.

Alternativlosigkeit ist Hoffnungslosigkeit, wenn es um Innovation und Transformation geht. Vielfalt im Wissen findet immer mehr als einen Weg aus dem Dilemma. Darin unterscheiden sich die *Gestörten* von den *Gehemmten*.

Wer offener ist für seine Umwelt, wird mehr entdecken. Neugierde, die zu Einfällen wird, zu realer Kreativität, braucht erst einmal einen Nährboden, eine Gelegenheit. Das Existenz- und Sicherheitsbedürfnis konnte die Industrie gut befriedigen. Nun aber werden die persönlichen Bedürfnisse relevant. Zu dieser sozialen und kulturellen Entwicklungsstufe passt die kreative Wissensarbeit so, wie die Industriegesellschaft zu einer Welt passte, die nach einer Grundversorgung rief. Die Systeme stehen in Wahrheit nicht in Widerspruch, sie bedingen einander. Peter Drucker sagt es in einem seiner berühmtesten Zitate so: «Um Wissen produktiv zu machen, müssen wir wieder lernen, den Wald und die Bäume zu sehen, wir müssen lernen, Zusammenhänge herzustellen.»[21] Die frühen Industriearbeiter sahen das Ganze ihrer Arbeit nicht, sie litten, wie Karl Marx es nannte, unter «Entfremdung von ihrer Arbeit».

Viele der Menschen, die in industriellen Prozessen arbeiten, überschauen nur einen engen Ausschnitt eines Gesamtprodukts. Wir sind immer noch Entfremdete, aber um Wissen produktiv zu machen, müssen die Gestörten mehr voneinander wissen wollen und ihre Fortschritte teilen.

Der Schweizer Ökonom Gilbert Probst hat dazu die Formel geprägt: «Wissen ist die einzige Ressource, die sich durch Gebrauch vermehrt.»[22]

Entdecken lernen. Serendipität

Kreativität folgt sehr oft dem Prinzip der Serendipität[23], ein Vorgang, den der amerikanische Soziologe Robert Merton erkannte und wissenschaftlich untersuchte. Es ist sozusagen der glückliche Zufall, der auf einen Geist trifft, der neugierig ist, und ohne Absicht oder Plan entsteht eine Idee oder eine Lösung für ein offenes Problem. Ein Komponist nimmt bei einem Spaziergang das rhythmische Klappern einer Wassermühle auf, das nun als Vorlage für seine Symphonie dient, oder ein Materialwissenschaftler erkennt beim zufälligen Geplauder mit einer Modedesignerin, dass der Stoff, von dem sie spricht, für seine technische Anwendung geradezu optimal wäre.

Serendipität hat natürlich einen Haken: Sie ist nicht planbar, verlangt zudem eine große Offenheit und Neugierde, die sich mit dem Interesse an anderen Menschen und deren Arbeit verbindet. Das oft vorgebrachte Argument, dass Wissensarbeit im Gegensatz zum industriellen Kollektiv zu sozialer Vereinzelung führe, ist grundfalsch. Echte kreative Wissensarbeit grenzt nicht aus und ab, sondern öffnet Türen und Fenster, sie ist offen, weil sie gleichsam den Austausch von Ideen braucht, ohne dabei auf die Unterschiede, die Diversität des Tuns zu verzichten. Dass dies ein hohes Maß an Eigeninitiative und Selbstbestimmung voraussetzt, ist naheliegend. Kreativität lässt sich nicht lernen, planen und auf Knopfdruck herstellen. Erlernbar sind nur die Methoden der Erschließung, das, was man braucht, um relativ unbelastet suchen zu können. Auch die technischen Hilfsmittel, die uns zur Verfügung stehen, sind Werkzeuge und Helferlein, die unseren Kopf und unsere Neugierde herausfordern, um Neues zu erkennen.

Wir erinnern uns: Kreativität kommt von creare, also schöpferisch sein, etwas entstehen lassen. Es genügt nicht, etwas Neues erkannt zu haben, man muss es auch wachsen lassen, mit all den Fortschritten und Rückschlägen, die es dabei gibt. Wer Kreativität sagt, meint das selten. Es ist ein Kofferwort wie Nachhaltigkeit, Sinn, Haltung, die alle einen vagen moralischen Inhalt anzeigen, wo eigentlich sehr konkrete Tatsachen gefragt wären.

Kreativität ist nicht gefragt, weil sie chic ist, sondern weil sie die Zukunft von Wohlstand und Entwicklungsfähigkeit sichert. Das rohstoffarme Deutschland hat als wichtigste Ressource die geistigen Fähigkeiten der Menschen, die in ihm wohnen. Das war schon in der alten Industriegesellschaft so, in der Erfindung und Fortschritt hochgeachtet waren. Die Wohlstandsgemeinschaft hat das nur vergessen. Wissen wir, was wir wissen?

Aber was heißt das? Müssen nun alle kreativ sein? Nein. Gehemmte sind Gehemmte. Sie sind um neun Uhr morgens zuverlässig im Büro und froh, wenn sie um fünf gehen können. Und im Homeoffice suchen sie nach ähnlichen Regeln. Diese Leute werden gebraucht, solange KI und Roboter noch nicht alle Routinearbeiten übernommen haben. Menschliche Routinearbeit wird nicht vollständig durch die digitale Wissensökonomie verschwinden, aber eben selten werden.

Das spricht keineswegs für eine weitere Akademisierung. Denn auch wenn im deutschsprachigen Raum die Vorstellung verbreitet ist, dass es außerhalb akademischer Räume und Positionen so etwas wie strukturiertes und richtiges, kritisches oder reflektiertes Denken nicht gibt: Wissensarbeit ist keineswegs das Privileg der höher Gebildeten.

Allerdings muss dafür erst etwas typisch Deutsches überwunden werden: das Recht darauf, mit einer bestimmten Ausbildung und einer bestimmten Genehmigung etwas tun zu dürfen, was andere nicht dürfen. Das ist ein klassisch ständisches Gesellschaftsbild. Wer nicht der Handwerksinnung angehört, darf eben das Handwerk nicht ausüben. Wer hingegen brav und ordentlich etwas auswendig gelernt und ein Zeugnis darüber erhalten hat, kann daraus noch Jahrzehnte später seine Privilegien und Vorrechte ableiten. Unsere Bildungskultur ist ständisch, statisch, monopolistisch. Sie belohnt langes Lernen in Schule, Büffeln und Auswendiglernen, auf Englisch memorization. Doch das ist keineswegs mit Wissen im Sinne von Verstehen zu verwechseln. Wenn etwas verstanden wurde, durchdrungen, ist es auf mehr als ein Feld anwendbar.

Für kreative Wissensarbeit ist braves Auswendiglernen nur ein winziges Sprungbrett, die erste Stufe einer langen Treppe, die auch nicht schnurgerade nach oben führt, son-

Kreativität ist Problemlösen, nicht Problemverwalten. Daran lässt sich der Unterschied zur Bürokratie am besten erkennen.

dern eher den fantastischen Gebilden eines M.C. Escher ähnelt. Die neue Gesellschaft braucht Menschen, die auf solchen Treppen gehen können, die in alle Richtungen denken und dann auch handeln können und die sich nicht durch ständische oder akademische Grenzen einengen lassen. Kreative Arbeit zeichnet sich dadurch aus, dass konkrete Probleme erkannt, benannt und gelöst werden. Dafür brauchen wir eine Bildung, die mindestens dazu befähigen muss, in den Feldern, in denen man denkt, handlungsfähig zu bleiben. Man muss sein Werkzeug kennen, und manchmal ist der Werkzeugkoffer umfangreicher, manchmal überschaubar. Relevant ist nicht der Werkzeugkoffer, das Zeugnis, die Lehrbefugnis, sondern das Können, die Fähigkeit, ein Problem auch wirklich lösen zu können.

Kreativität ist Praxis, nicht Theorie. Kreativität ist Problemlösen, nicht Problemverwalten. Daran lässt sich der Unterschied zur Bürokratie am besten erkennen.

Kreative Wissensarbeit ist auch kein Bullshit-Job. So nennt der amerikanische Autor David Graeber jene überflüssigen Jobs, die gerade auch in bürokratischen Organisationen wuchern. Hauptsache beschäftigt – da sind wir wieder bei Hannah Arendt und Frithjof Bergmann angelangt. Wer sich Graebers Kritik genauer ansieht, wird unschwer erkennen, dass sie nicht auf Kassiererinnen oder Krankenschwestern zielt, sondern auf jenes akademische Proletariat, das notwendigerweise entsteht, wenn die Mehrheit eines Geburtsjahrgangs ein Studium beginnt. Im Jahr 2022[24] lag die sogenannte Studienanfängerquote in Deutschland bei 54,7 Prozent. Das sind 21,4 (!) Prozent mehr als noch im Jahr 2000. Mehr Bildung, das heißt immer noch mehr Einfluss, mehr Ansehen und mehr Geld, ganz gleich, welche Probleme diese Bildung löst. Wer ein Zeugnis hat, darf in dieser Gesellschaft eins vorrücken, Ansprüche stellen.

Die Bildungsbürgerkultur in Deutschland stammt aus dem 19. Jahrhundert, wo allerdings nur ein Bruchteil der heutigen Studenten aus den Hochschulen strömte. Formale Bildung ist eine Grundlage für Entwicklung, aber keineswegs schon die Meisterschaft, die es zu erreichen gilt. Im System der Gehemmten hingegen entstehen durch Zeugnisse Ansprüche und immer neue zu verwaltende Probleme. Die Folge, so der Schweizer Ökonom Matthias Binswanger, ist eine neue Care- und Controllingbürokratie.[25]

Die meisten Probleme, die diese Bürokraten verwalten, gäbe es ohne sie gar nicht. Mit klassischer Verwaltung hat das übrigens wenig zu tun, deshalb sollten wir, wenn von Bürokratie die Rede ist, nicht in erster Linie an Behörden und Ämter denken. Die klassische Verwaltung kam lange Jahre mit einer kleinen Schar Beamter aus, Sachbearbeiter, deren Tätigkeit und Einstellung umstritten gewesen sein mag, die aber durchweg Nutzen stifteten, indem sie Steuern eintrieben oder Meldeämter besetzten und sich darum sorgten, dass es an Schulen und auf Straßen halbwegs geregelt zuging. Es waren sogenannte kleine Leute, die von einer eher überschaubaren Gruppe akademisch gebildeter Verwaltungsjuristen geleitet wurden.

Die Zukunft gehört
den Praktikern.
Denen, die was
machen.

Dies ist die Vorstellung bis heute: Bildung erschließt nicht nur weitere Bildung, sondern eröffnet vor allen Dingen das Recht, anderen zu sagen, was richtig und was falsch ist, und dafür auch mehr Geld zu bekommen. Wer eine höhere Bildung erhält, hat nicht nur mehr auswendig gelernt, sondern auch deutlich andere soziale Ansprüche. Oben stehen die Akademiker, unten die Nichtakademiker – das ist absurd.

Viele der 54,7 Prozent eines Jahrgangs, die im Jahr 2023 ein Studium begonnen haben, sind dadurch noch keine Wissensarbeiter (m/w/d), auch nicht kreativ oder in der Lage, den Fachkräftemangel zu beseitigen. Das zentrale Merkmal von Wissensarbeit ist das Know-how, das Gewusst-wie also, das die Schulbildung vom Kopf auf die Füße stellt. Dieses Know-how ist in der Industriegesellschaft nicht beliebt, weil es persönlich ist, nicht skalierbar und nicht vom Fließband zu haben. Aber genau darin liegt unsere Chance.

Gesucht werden Meisterinnen und Meister ihres Faches. Leute, die was können. Und was Können ist, sollte nicht länger das Bildungs- und Ausbildungsestablishment bestimmen, das in Deutschland über Karrieren und Zugänge entscheidet wie kaum anderswo auf der Welt. Theorie und Praxis zeigen ihre Unterschiede immer deutlicher, hier die Funktionäre der Bildung, dort die Fachleute, die Praktiker.

Die Zukunft gehört den Praktikern. Denen, die was machen.

Epilog

Wer das Richtige tut, wird nur selten geliebt. Für den Fortschritt ist das nicht erforderlich.

Was passiert, wenn es jemand besser kann?

Kennen Sie John Harrison?

Nein?

John Harrison war ein Gestörter, ein kreativer Wissensarbeiter.

Er hat seine Arbeit getan und damit die Welt verändert. Und zwar so grundlegend, dass wir glauben, dass es nie anders war, als wir es kennen. Doch das ist falsch. Alles Gute, das wir kennen und nutzen, ist das Produkt eines ganz normalen Gestörten wie John Harrison.[1]

In unserer Welt wäre nichts von dem, was wir normal finden, ohne exakte Zeitmessung möglich. Wir leben nach der Uhr.

Lange Zeit war es ausreichend, aus dem Stand der Sonne und der Sterne abzuleiten, in welchem Tagesabschnitt man sich befand. Die Arbeit am Hof, im Wald, in der Werkstatt bedurfte einer engen Bindung an die Natur, es genügte, sich mit deren Rhythmus abzustimmen. Doch je höher die Ansprüche wurden, je mehr erfunden und entdeckt wurde, desto weniger Aussicht gab es, dass die alte Abstimmung mit der Welt noch ausreichte, um auch zum Ziel zu kommen.

Mit der Ausweitung des globalen Handels im Hochmittelalter brauchte es zur Bestimmung der Reisezeit und der genauen Koordinaten exakte Zeitmesser. Auf See waren die ersten groben Uhrenmechaniken kaum zu gebrauchen, so wenig wie Sextanten bei schlechtem Wetter. Immerhin ließ sich damit bei guten Bedingungen der Sonnenstand messen. Man wusste also, auf welchem Breitengrad man sich befand. Die Längengrade hingegen sind weitaus kniffliger zu berechnen. Dazu bedarf es erst einmal einer fixen Zeit an dem Ort, an dem man abfährt, eine Art Referenzzeit, an der sich alles Weitere misst. Dieser Ort war für die britische Admiralität, die die sieben Weltmeere beherrschte, Greenwich bei London. Hier verläuft der Nullmeridian, hier gibt es die Normalzeit. Um nun zu berechnen, wo man sich genau befindet, braucht man neben diesen beiden Fixpunkten eine sehr genaue Uhr. Aber woher nehmen?

Das Fehlen eines solchen Chronometers, eines exakten Zeitmessgerätes, machte gleichsam auch die Logistik des Warenflusses im Seehandel fehleranfällig. Da kam es vor, dass sich Schiffe mit Waren, die dringend gebraucht wurden, so weit vom Ziel oder ihren Zwischenhäfen, wo

Frischwasser und Proviant gefasst wurde, entfernten, dass die ganze Expedition scheiterte. Wertvolle Ware verdarb, feste Käufer sprangen ab, Verluste drohten. Die hohen Risiken machten die Waren teuer und selten. Die Globalisierung stockte, und zwar ziemlich.

Aus diesem Grund stiftete das englische Parlament im Jahr 1714 die Summe von 20 000 Pfund – ein solides Vermögen, an dem sich die Größe der Aufgabe messen ließ: die Lösung des Problems der ungenauen Longitudenbestimmung, unabhängig vom Wetter, durch exakte Zeitmessung. Diese hohen Anforderungen waren eine Herausforderung für alle kreativen Wissensarbeiter, die sich mit dem Bau besonders genauer Uhren – sogenannter Chronografen – beschäftigten.

Erst 45 Jahre später, im Jahr 1759, gelang dem englischen Tischler und ungelernten Uhrmacher John Harrison das Meisterstück, eine solche Uhr – genannt Chronograf H4 – zu bauen. Auf einer fast dreimonatigen Schiffsreise von Europa in die Karibik ging H4 nur 5 Sekunden nach. Damit konnte von nun an exakt navigiert werden.

Das ist weit mehr als eine Anekdote:

- Ohne exakte Zeitmessung gibt es keine genaue Navigation.
- Ohne genaue Navigation keinen zuverlässigen und effizienten Welthandel.
- Ohne zuverlässigen und effizienten Welthandel keinen zuverlässigen Transport von Rohstoffen.

- Ohne zuverlässigen Transport von Rohstoffen aus den Kolonien nach England keine industrielle Revolution.
- Ohne industrielle Revolution kein Wohlstandswachstum, keine breite Bildung, weniger Chancengerechtigkeit und eine Lebenserwartung, die etwa einem Drittel des Alters entspricht, das Westeuropäer heute erreichen.
- Ohne die Wohlstandszuwächse der industriellen Revolution keine Möglichkeit, kritisch und konstruktiv an dem Weiter-so der Industriegesellschaft zu zweifeln und bessere Alternative zu denken.

Vor dem Jahr 1820 lag in Westeuropa das durchschnittliche Wirtschaftswachstum bei 0,15 Prozent[2], danach ging es fast hundert Jahre aufwärts und lag bei 1,33 Prozent im Jahr 1914, ging durch die Weltkriege und die Multikrisen der Zwischenkriegszeit zurück auf 0,84 Prozent und stieg nach dem Krieg auf fast vier Prozent an, bis es sich zu Beginn des neuen Jahrtausends auf 1,77 Prozent durchschnittliches Wachstum pro Jahr einpendelte.[3] Ohne John Harrison wäre das Leben von 99 Prozent der Menschheit das, als das es Thomas Hobbes im 17. Jahrhundert beschrieb: «Widerwärtig, brutal, schmutzig.» Vor 200 Jahren lag das durchschnittliche Einkommen eines Westeuropäers bei 907 US-Dollar pro Jahr, also weniger als 2,50 US-Dollar am Tag für alles, was man zum Leben braucht. Am anderen Ende der industriellen Revolution, im Jahr 2003, war das preisbereinigte Einkommen einer Person in Westeuropa auf 20 597 US-Dollar gestiegen, fast 23-mal so viel also.[4] Es ist gut, dass wir heute darüber nachdenken, wie wir aus schierem Quantitätswachstum ein qualitatives Wachstum machen. Aber ohne Zweifel wäre dieses Nachdenken ohne materielle Grundlagen nicht möglich. John Harrison hat uns diese Chance gegeben. Der Außenseiter, der Gestörte hat uns die Uhr gestellt. Danke.

Nun waren Uhrmacher im 18. Jahrhundert ungefähr das, was heute Spitzenprogrammierer sind, die Crème de la Crème der Hochtechnologie. Harrison aber? Wer ist das denn? Der ist doch nicht mal Uhrmachermeister! Welcher Innung gehört er an? Und was steht auf seiner Visitenkarte? Diese Fragen gab es damals, es gibt sie heute.

Auch in unserer vermeintlich so offenen Gesellschaft gibt es überall Klassenschranken, Zugangsbeschränkungen, soziale Codes und die berühmten gläsernen Decken, die den Weg nach oben und zur Anerkennung zwar kenntlich machen, aber letztlich undurchdringlich sind. Das gilt nicht nur für Herkünfte, Kulturen, Geschlechter, sondern nahezu für alle sozialen Bereiche: *Das ist ja keine Führungskraft, der ist ja nur Kreativer. Darf die das eigentlich? Hat die eine Ausbildung dazu? Hat jemand das Zeugnis gesehen?*

Dünkel sind das Gegenteil von Denken. Gestörte, Außenseiter, Leute, die nachdenken, sie stören das System, das aus den Menschen besteht, die ihre Privilegien in Ruhe genießen wollen. Das war so, das ist so, und wenn es sich ändern soll, muss man darüber reden, nicht in der Vergangenheitsform, sondern mit klarem, nüchternem

Blick auf unsere Welt. Sie ist voller Harrisons und voller neidischer Uhrmachermeister.

Wer stört, ist unbeliebt. Klar, wo immer nur unter Hochdruck Routinearbeit getan wird, ist Andersmachen ein Problem. Aber statt darüber nachzudenken, warum wir keine Zeit mehr zum Denken haben, schmeißen wir lieber die John Harrisons raus. Geschichte wiederholt sich nicht, Niedertracht schon.

It's the culture, stupid.

Intrigen und Interventionen des Establishments haben Harrison die Anerkennung lange verwehrt. Obwohl sein Chronograf revolutionär war und nachweislich besser funktionierte als alles, was die Mitbewerber anzubieten hatten, erhielt er erst kurz vor seinem Tod einen Teil des Preisgelds – auch, weil aufrichtige Journalisten die Sache publik gemacht hatten. Der König musste zahlen. Die Gestörten von heute brauchen sie dringend, die Unterstützer, die sie vor den vielfachen Kleinmachern und Kleinhaltern schützen, vor den mediokren Uhrmachermeistern des Konsumkapitalismus und dessen grenzenloser Liebe zur Bürokratie.

Das wäre der erste und größte Kulturfortschritt, der Beginn der Transformation, wenn wir die, die etwas unternehmen, nicht mehr als Feinde betrachten, sondern als das, was sie sind: im besten Sinne Verrückte, die die alte Ordnung ins Bessere ver–rücken. Die gute Nachricht ist: Das geschieht, überall, noch leise, unmerklich, aber es passiert. Sie hören in diesen Tagen auf, einfach nur verkannte Genies und vergessene Helden zu sein. Sie werden in der

Wissensökonomie von Außenseitern zu den Vertretern einer neuen Normalität. Sie gehen nicht mehr weg.

«Wir können uns nicht alle gegenseitig die Haare schneiden», sagen Politiker und feiste Kammerfunktionäre der alten Welt gern, wenn es um Wissensarbeit geht. Wer freilich das als Beispiel für Wissensarbeit benutzt, entlarvt sich selbst oder, um es mit Wiglaf Droste zu sagen, «glaubt auch, dass Friseure Gehirnchirurgen sind».

Zöpfe abschneiden

Liebe Gestörte: Fangt an, diesen Leuten die Haare zu machen, die Zöpfe abzuschneiden, die Bärte zu rasieren. Die Auswahl ist groß. Lasst euch das einfach nicht mehr gefallen. Sie leben von euch, nicht umgekehrt. Die Gehemmten sind ohne euch erledigt. Zeigt das deutlicher als bisher.

Den Alten, Beharrenden ist daran gelegen, dass das Bild der Kreativen schief hängt, als Außenseiter, als Spinner, als Gestörte, als Genies, als Leute, die irgendwie nicht zur Norm passen – über die man sich so lustig machen kann wie über einen verrückten Professor. Leute, die mit dem Kopf arbeiten, sind in der alten Welt nicht ganz richtig.

Und nein, auch in der Wissensgesellschaft werden nicht alle Menschen jeden Tag neugierig, wissbegierig und veränderungsbereit sein. Aber vielleicht lernen wir mit der Zeit, dass wir nüchtern und pragmatisch mit unseren Möglichkeiten und Fortschritten umgehen und die, die danach suchen, respektieren.

Auf dem Sockel der New Yorker Freiheitsstatue steht der Satz:

> *«Gebt mir eure Müden,*
> *eure Armen, eure geknechteten Massen,*
> *die frei zu atmen begehren.»*

aus dem Gedicht «Der neue Koloss» von Emma Lazarus. Die jungen USA baten um die Außenseiter der Alten Welt, um eine neue Welt aufzubauen. Stellen wir uns vor, dass unser Land, in dem so viel über Transformation geredet wird und das doch immer wieder in bürokratischen Kleinkram erstickt, auch etwas auf den Sockel schriebe, um den Abstieg zu stoppen.

> «*Gebt uns eure Neugierigen,*
> *eure Störer, eure Unzufriedenen,*
> *die frei zu atmen begehren.*»

Wie unbegrenzt wären die Möglichkeiten mit einem Mal, auch für dieses Land. Es wäre, neben vielem anderen, auch eine Unabhängigkeitserklärung, für eine menschengerechte Arbeit, für ein optimistisches Menschenbild und für eine gute Neugierde.

Vor mehr als einem Vierteljahrhundert, 1997, kam der geniale Außenseiter der Informatik, Steven Jobs, zurück zu dem Unternehmen, das er erdacht und gegründet hatte und aus dem ihn mediokre Manager verdrängt hatten. Er machte es in kürzester Zeit zum wertvollsten Unternehmen der Welt, Apple. Er sprach die ersten Worte zur Einführung des iMac, mit dem die neue Erfolgsgeschichte Apples begann, selbst ein. Sie sind das wahre Manifest der kreativen Wissensarbeit, der Menschen, die nicht aufhören, an das Bessere zu glauben, und die es für andere erschließen. Diese Worte lauten:

«Here's to the crazy ones.
The misfits. The rebels.
The troublemakers.»

Liebe Gestörte. Das ist eure Welt. Lasst die, die euch dabei stören, sie zu gestalten, nicht in Ruhe.

Dann wird alles gut.

(…)

Anmerkungen

Die Gestörten

1 Nico Stehr ist seit 2018 emeritiert

2 Einen guten Überblick zu Machlups Arbeiten bietet sein 1962 erstmals erschienenes Werk «The Production and Distribution of Knowledge in the United States», Princeton University Press, 1973. Diese Arbeit war richtungsweisend auch für die Erkenntnis, wie groß der Sektor der Wissensarbeit bereits nach dem Zweiten Weltkrieg war, obwohl bis heute in Europa Wissen nicht als eigener Wirtschaftssektor ausgewiesen wird. https://press.princeton.edu/books/paperback/9780691003566/the-production-and-distribution-of-knowledge-in-the-united-states

3 Richard Florida lehrt heute an der Universität Toronto

4 Wir erleben das seit Jahren auf globaler und nationaler Ebene, Anmerkung 2023

5 Tim Renner ist heute in der Arbeitsgemeinschaft der Selbstständigen in der SPD tätig

6 Joseph A. Schumpeter: *Kapitalismus, Sozialismus und Demokratie.* UTB, Stuttgart 2005, ISBN 3–8252–0172–4

Wo sind die Gestörten heute oder wissen wir, was wir wissen?

1 ChatGPT Abfrage 17. Juni 2023

2 Organisation für wirtschaftliche Zusammenarbeit und Entwicklung, OECD, in denen die größten «Industriestaaten» vereinigt

sind. Zusammengenommen haben die 38 Mitgliedsstaaten das höchste Pro-Kopf-Einkommen weltweit

3   Ernst Forsthoff: Der Staat der Industriegesellschaft. Dargestellt am Beispiel der Bundesrepublik Deutschland, München 1971, zitiert nach Hans-Peter Schwarz: «Die Bundesrepublik Deutschland», Böhlau, 2008, Seite 13; I.d.F. Schwarz, Bundesrepublik

4   Werner Plumpe: «Industrieland Deutschland 1945 bis 2008». In: Schwarz, Bundesrepublik. Seite 379

5   Hannah Arendt: Besuch in Deutschland, zitiert nach http://www. conzepte.org/home.php?il=42&l=deu

6   Peter Littger: The devil lies in the detail. Kiepenheuer & Witsch, 2015

7   Wissen – Rohstoff der Zukunft, Stand 2010, http://wissensarbeiter. org

8   Statista, nach Quellen der World Bank, Daten 2019. Die nachfolgende Grafik ersetzt den Quellenverweis, nicht drucken, nur gucken

9   https://www.agrarheute.com/land-leben/deutsche-landwirt-ernaehrt-heute-140-menschen-515109

10 https://de.wikipedia.org/wiki/Edmund_Cartwright

11 In Wolf Lotter, Schichtwechsel, brand eins Juli 2015, Seite 32

12 Zitiert nach Lotter, Schichtwechsel, brandeins 2015, Seite 38

13 Stand Mitte 2023 laut Auskunft der Bundesagentur für Arbeit

14 Karl Popper: Die Offene Gesellschaft und ihre Feinde. Ausgabe in 2 Bänden. J.C.B. Mohr, Paul Siebeck, UTB 1724 und UTB 1725, i.d.F. als Popper, Offene Gesellschaft zitiert

15 https://claytonchristensen.com/key–concepts/

16 Niclas Taleb: Der Schwarze Schwan: Die Macht höchst unwahrscheinlicher Ereignisse. 2008, dtv, München

17 Barack Obama: Arbeit. Was wir den ganzen Tag tun. Netflix, 2023

18 Hays: https://www.hays.de/documents/10192/118775/hays-studie-wissensarbeit-im-wandel, 2017.pdf

19 Henri Fayol: Administration Industrielle et Générale – prévoyance, organisation, commandement, coordination, controle». 1916, Paris, dt.: «Allgemeine und industrielle Verwaltung». 1929, Oldenburg

20 Annie Hall, 1977

21 Peter Drucker: Die Postkapitalistische Gesellschaft. Econ, 1993

22 Gilbert Probst u.a.: Wissen managen. Wie Unternehmen ihre wertvollste Ressource optimal nutzen. Gabler, Wiesbaden, 2006

23 Robert Merton, Elinor Barber: https://press.princeton.edu/books/paperback/9780691126302/the-travels-and-adventures-of-serendipity

24 https://de.statista.com/statistik/daten/studie/72005/umfrage/entwicklung-der-studienanfaengerquote/

25 Wolf Lotter: Die Diktatur des Bürokratiats, Der Standard, 11. April 2022

Epilog

1 Empfehlenswert ist zur Rolle der Zeitmessung bei der ersten Globalisierung hierzu die BBC-History-Folge: The Watch That Changed The World, https://www.youtube.com/watch?v=T-g27KS0yiY

2 Oliver F.R. Haardt: Industrielle Revolution 4.0. Eine historische Navigationshilfe, wbg, Darmstadt, 2022, Seite 86

3 Alle Daten bei Haardt, Oliver: Industrielle Revolution 4.0, Seite 86 ff.

4 Haardt, Seite 86 ff.

Originalausgabe
Veröffentlicht im Rowohlt Verlag, Hamburg, Dezember 2023
Copyright @ 2023 by brand eins Verlag Verwaltungs GmbH, Hamburg
Lektorat Gabriele Fischer, Holger Volland
Faktencheck Katja Ploch, Victoria Strathon
Projektmanagement Hendrik Hellige, Daniel Mursa
Covergestaltung Mike Meiré / Meiré und Meiré
Satz aus der Sabon bei Pinkuin Satz und Datentechnik, Berlin
Druck und Bindung GGP Media GmbH, Pößneck
ISBN 978-3-98928-010-6